数学の本質をさぐる **1**

集合・関係・写像・代数系演算・位相・測度

石谷 茂 著

🏛 現代数学社

まえがき

　旅に出ていつも経験することであるが，はじめて足を踏み入れた町や部落のようすは，やみくもに歩き回ってもよく分らない．ロープウェーやケーブルカーで山頂にたどりついたときの展望はすばらしいの一言につきる．自然の美しさはもちろん，地形が手にとるように見えるのが嬉しい．

　数学でも私は同様の経験に出会い，その度に大きな感動をおぼえた．数学におけるそれはいわゆる心眼にうつし出される感動といったもので，心の奥底に残り不思議と忘れない．同様の感動を高校の諸君にもとの念願を込めて，私はこの本を書いた．

　このハイレベル数学Ⅰは，高校の数学の基底をなす基本概念を整理したものである．整理の仕方はいろいろあるが，分り易く解説すると共に，高校で学んだものを多少高い立場から見直すことにつとめた．

　高校では小学以来親しんで来た実数のほかに，新しい数として複素数を，さらに集合，ベクトル，行列，写像などについての見慣れない計算を学ぶ．そこで不思議の国へ一歩踏み込んだような驚きをおぼえるであろう．しかし，同時に，数とは一体何か，数は何種類あるのか，数はどうように分類されるのか，といった疑問を抱くことも多いはず．第4章と第5章の代数系というのは，これらの疑問に答えようとしたものである．

　高校の数学の中には，街のショウウインドーを眺めるように，さりげなく用られている概念がいくつかある．第6章の位相と第7章の測度はその一例として取り挙げたものである。余裕のあるとき，気楽に読むことをおすすめしたい．

著　者

　本書は1996年に刊行された『高校生のためのハイレベル数学Ⅰ』を，より多くの方々に親しんでただきたいと書名変更したものです．
　内容は高校数学プラスアルファの知識を懇切丁寧に解説し，より高度な数学への橋渡し的な役割を果たすものです．現在の高校数学を既知とする方々に，是非お読みいただければ幸いです．

現代数学社編集部

目　次

まえがき

数学の構造

数学の構造

　現代数学の入門のアウトラインをつかむのがこの講座の目標である。入門では数学の主要分野をどんな順序に学ぶかが問題になろう。集合を最初におくことには異論がなかろう。論理も集合なみに各分野で必要であるが、当分の間は、言語に内蔵される経験的論理で間に合うので、次回へ回した。関係と写像の関係はかなり微妙である。写像は関係の特殊なものであることを重視すれば、関係から写像の順序になる。しかし、関数の同型などをみるに写像を使うことを考えると、写像から関係への順序になろう。本書の順序が最善というわけではない。

第1章　集　合

§1　集合とその演算

　集合には2つの顔がある．1つはツンとすました顔で，束論・集合論という数学の分野を向いている．他の1つは，数学のすべての分野で絶えず姿をみせる顔で，いたって庶民的である．本書で，最初に集合を取り挙げたのは，この庶民的顔に敬意を表するとともに，早めに友情をあたためたいためである．

　数学のもろもろの分野で利用する場合は，集合に関する記号の利用と，簡単な演算，濃度のことがわかれば十分で，理論的に追求する必要は少ない．理論的なことは束論や集合論で十分学べばよい．

　集合とは何か．**集合**とはものの集りである．形のあるものも，姿のないものも，人間の認識するものは限りなくあるが，さしあたり，数学において着目するものは，ある限られたもので，数学では一般に**対象**と呼んでいる．数学で取扱う集合は，はっきりと識別できる対象の，さらにはっきりした範囲のものである．

　集合をかたちづくっている対象を，その集合の**元**，または**要素**という．中学や高校では主として要素を用いる．数学では要素と元の両方を用いる．逆元，単位元，素元など元をつけた用語が定着している現状では，要素に統一するのには無理がある．

　本書では，集合はおもに $A, B, \cdots$ などの大文字で表わし，その元は $a, b, \cdots$ などの小文字で表わすことを原則としよう．

　集合 A の元 a は，集合 A に**属する**，あるいは**含まれる**といい（含まれるの逆関係は含む．しかし属するの逆関係はいいにくく，属するに統一するのには無理がある．）

$$a \in A \quad \text{または} \quad A \ni a$$

で表わす.

　この否定, すなわち a は A に属さないは

$$a \notin A \quad \text{または} \quad A \not\ni a$$

で表わす. (∉ の代りに $\overline{\in}$ を用いた本もある.)

　はっきりした対象の, はっきりした範囲のものを取扱うということは, 記号表現でみると $a \in A$ と $a \notin A$ とは, いずれか一方のみが成り立ち, 同時に成り立つようなことはないという意味である.

　∈ は元と集合の関係で**所属関係**と呼ばれている.

○ 集合の表わし方

　集合には, 重要な 2 種の表わし方がある.

　4 つの数 $1,2,3,6$ から成る集合は

$$\{1,2,3,6\} \qquad\qquad\qquad ①$$

で表わす. この表わし方では, 元の順序は制限しない. したがって, 上の集合は $\{1,3,6,2\}$, $\{6,3,2,1\}$ などと表わしてもよいわけである.

　もう 1 つの表わし方は, 対象に関する条件を用いるものである. たとえば, 着目する対象が自然数ならば, その任意の 1 つを x で表わすと, 集合 ① は

$$x \text{ は 6 の約数}$$

という条件をみたす x の集合になる. そこで, この集合を

$$\{x \mid x \text{ は 6 の約数}\}$$

で表わす.

　一般に対象 x に関する条件を $p(x)$ とすると, これをみたす x の集合は

$$\{x \mid p(x)\} \qquad\qquad\qquad ②$$

で表わされる. ($\{x ; p(x)\}$ とかくこともあるが, 最近は上の表わし方が多い.)

　論理学では, ① のような表わし方を**外延的**といい, ② のような表わし方を**内包的**という. 対象そのものを外延といい, 対象を規定する性質を内包と呼ぶことから来たものである.

　数学では, 条件 $p(x)$ は, x についての式で表わされていることが多い.

　たとえば $\{x \mid x^2 = 3\}$, これは外延的に表わすと $\{\sqrt{3}, -\sqrt{3}\}$

　よく用いられる集合には, それを表わす記号のくふうされているものがある. 区間の記号がその一例である. 任意の実数を x とするとき

$$[a,b) = \{x \mid a \leqq x < b\}, \quad (a,b) = \{x \mid a < x < b\}$$

$[a,b)$, (a,b) の代りに $[a,b[$, $]a,b[$ を用いる方式もある.

また，慣用の文字がきまっているものもある．自然数全体,整数全体,有理数全体,実数全体,複素数全体を表わすのに，それぞれ

$$N, \quad Z, \quad Q, \quad R, \quad C$$

を用いることが多い.

○ 空集合

x が実数を表わすとき，条件 $x^2=-1$ をみたす x は存在しない．このときも，記号

$$\{x \mid x^2=-1\}$$

が使えるようにするには，元を含まない集合を認めればよい.

元を含まない集合は1つだけあると定め，それを**空集合**といい，{ }または ϕ で表わすことにする.*

数学では空集合に { } を用いることはめったにないが，学校では教育上有用らしい．しかし { } と ϕ を教えると，$\{\phi\}$ などとかく学生が現われるらしく，疑問がないでもない.

サイフの中が空であることは，量的に表現すれば 0 円で，貨幣の集合とみれば空集合というわけである.

○ 相等・部分集合

対象の認識で最初に問題になるのは，等しいか異なるかの弁別である．集合もその例外ではない.

2つの集合 A,B は，元が完全に一致するとき，つまり全く，同じ元より成るとき，**等しい**といい，$A=B$ で表わす.**

たとえば

$$\{a,b,c\}=\{c,b,a\} \qquad \{1,2,3,6\}=\{2,6,1,3\}$$

上の相等の定義は，2つの集合の元を簡単に比較できるときはよいが，元が無限にあって簡単に比較できないときは行詰る．論理的には，「A の元はすべて B の中にあり，逆に B の元はすべて A の中にある」と2つの推論によるのが確実で，かつ一般的である．すなわち

---

  *　空集合の記号は，もともとはヘブライの文字やギリシャ文字を参考に作った発音記号 ∅（ウー）らしいが最近はギリシャ文字の ϕ（ファイ）を用いる.

  **　ここの定義のままでは空集合の相等はきまらない．空集合はただ1つあると定めたことから
     $\phi=\phi$

$$x \in A \quad \text{ならば} \quad x \in B \qquad \qquad ①$$
$$x \in B \quad \text{ならば} \quad x \in A \qquad \qquad ②$$

がともに成り立つときとみるのがよい.

①が成り立つことは, A の元はすべて B の元に含まれることで, このとき A は B の**部分集合**であるといい

$$A \subset B \quad \text{または} \quad B \supset A$$

で表わし, A は B に**含まれる**という.

$A \subset B$ では, $A = B$ のときも起りうる. とくに $A \subset B$, $A \neq B$ のときは, A は B の**真部分集合**であるという. (A が B の部分集合であることを $A \subseteqq B$ で表わし, A が B の真部分集合であることは $A \subset B$ で表わす流儀もある. 中・高の数学はこの流儀であるが, 本書はこの流儀をとらない. その理由は解説すると長くなるから省く.)

$\subset$ は2つの集合の関係で, 通常**包含関係**と呼ばれている.

A, B に空集合があるとき, 包含関係はどうなるか. ②が真のときは, $B \subset A$ となるのであるが, このことは, A, B に空集合があっても成り立つのでないと一般性をかく. ②で B が空集合であったとすると

$$x \in \phi \quad \text{ならば} \quad x \in A$$

この条件文で, 仮定にあたる $x \in \phi$ は偽である. ところが, 論理学では, 仮定の偽な条件文は結論の真偽に関係なくつねに真と考える. この論理学の定めを尊重すれば, 上の条件文は真であり, したがって $\phi \subset A$ となることを認めざるをえない.

すなわち, 任意の集合 A について

$$\phi \subset A$$

空集合を含めて, 包含関係に, 次の3つの性質があることはあきらかであろう.

(1) $A \subset A$

(2) $A \subset B$, $B \subset A$ ならば $A = B$

(3) $A \subset B$, $B \subset C$ ならば $A \subset C$

((1), (2), (3)のような性質をもった関係を**順序関係**という. ☞ p.38)

包含関係 $\subset$ は, 大小関係の1つである, $\leqq$ (以上, 以下) に似ている.

そこで $A \subset B$, $A \neq B$ のとき, B は A より**大きい**, または A は B より小

さいということにして，親しみやすい表現をとることがある．本書でも，この慣用を必要に応じ用いることにしよう．

○共通部分

　2つの集合 A, B があるとき，A, B の両方に含まれるすべての 元の集合を，A, B の **共通部分** といい

$$A \cap B$$

で表わす．（共通部分を**共通集合**，または**積集合**ともいう．記号∩は**交わり**と読む．）

　たとえば $A = \{1, 2, 3, 6\}$，$B = \{1, 3, 5, 7, 9\}$ のとき

$$A \cap B = \{1, 3\}$$

　上の定義は，次の式にまとめておくと，集合と論理の関係が視覚的にとらえられる．

　（4）　$A \cap B = \{x \mid x \in A$ **かつ** $x \in B\}$

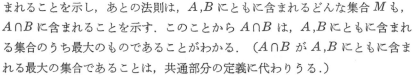

　この∩については，次の法則が成り立つ．

　（5）　$A \cap B \subset A,\ A \cap B \subset B$

　（6）　$M \subset A,\ M \subset B$ ならば $M \subset A \cap B$

　はじめの法則は，$A \cap B$ が，A, B にともに含まれることを示し，あとの法則は，A, B にともに含まれるどんな集合 M も，$A \cap B$ に含まれることを示す．このことから $A \cap B$ は，A, B にともに含まれる集合のうち最大のものであることがわかる．（$A \cap B$ が A, B にともに含まれる最大の集合であることは，共通部分の定義に代わりうる．）

○合併

　2つの集合 A, B があるとき，A, B の少なくとも一方に含まれるすべての元の集合を，A, B の**合併**といい

$$A \cup B$$

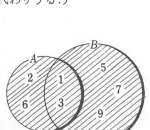

で表わす．（合併を**合併集合**，**和集合**などともいう．記号∪は**結び**と読む．）

　たとえば $A = \{1, 2, 3, 6\}$，$B = \{1, 3, 5, 7, 9\}$

のとき $A \cup B = \{1,2,3,5,6,7,9\}$

　上の定義を式によって表わし，集合と論理の関係を明確にしておこう．

　（4′）　$A \cup B = \{x \mid x \in A$ または $x \in B\}$

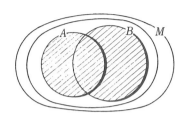

　この∪については，∩の場合に似た次の法則が成り立つ．

　（5′）　$A \cup B \supset A, \ A \cup B \supset B$

　（6′）　$M \supset A, \ M \supset B$ ならば $M \supset A \cup B$

　この2つの法則は，$A \cup B$ は，A,B をともに含む集合のうち最小のものであることを物語る．（$A \cup B$ が A,B をともに含む最小の集合であることは，合併の定義に代わりうる．）

○全体集合・補集合

　数学である事柄を研究するとき，考察の対象となる最大の集合を**全体集合**という．全体集合をどんな文字で表わすかは人により，数学の分野によって異なる．本書では空集合にギリシャ文字 ϕ を用いたことを考慮し，当分の間全体集合を Ω で表わすことにする．

　数で約数,倍数を取扱うときは，全体集合として自然数全体，または整数全体をとるのがふつうであろう．

　高校では，主に実係数の方程式を取扱うが，このとき係数の全体集合は実数で，解の全体集合は複素数である．このように2つ以上の全体集合が考えられるときは，Ω_1, Ω_2 などで表わせばよい．

　全体集合を Ω，その部分集合を A とするとき，Ω の元のうち A に属さないものの全体を A の**補集合**といい，A^c で表わす．* 式でかくと

　すなわち

　（7）　　$A^c = \{x \mid x \in A$ でない$\}$

補集合と包含関係でよく用いられるのは

　（8）　$A \subset B$ ならば $A^c \supset B^c$

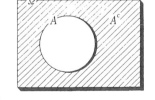

○差

　集合の差は，理論的には重要なものでないが，応

---

* C は complement の頭文字である．中・高では A^c を $\overline{A}$ で表わすが，トポロジーで A の閉包を $\overline{A}$ で表わすのと混同するので，本書では用いない．

用上は捨てがたい便利さがある.

　2つの集合 A,B があるとき，A に属し，B に属さない元全体の集合を，A，B の差といい $A-B$ で表わす.

　この定義からあきらかに

$$A-B=A\cap B^c$$

　この集合は，操作的にみれば，A の元から B に含まれる元を取り除いて作られる．$A-B$ はそのことをズバリ表わしているから便利なのである.

（実数における減法は加法の逆算であるが，集合における減法は，交わりの逆算でも，結びの逆算でもない.）

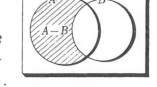

§2　集合算の法則

　集合において，$\cap$，$\cup$ は2項演算であり，補集合を求めることは1項演算である．これらの集合に関する演算を一括して**集合算**という．(☞ p.69)

　実数の四則演算については，交換律，結合律，分配律が成り立った．集合算ではどんな法則が成り立つだろうか.

　それをかき並べてみる.

（1）　$A\cap B=B\cap A$	（1′）　$A\cup B=B\cup A$	交換律
（2）　$(A\cap B)\cap C$　　$=A\cap(B\cap C)$	（2′）　$(A\cup B)\cup C$　　$=A\cup(B\cup C)$	結合律
（3）　$M\cap(A\cup B)$　　$=(M\cap A)\cup(M\cap B)$	（3′）　$M\cup(A\cap B)$　　$=(M\cup A)\cap(M\cup B)$	分配律
（4）　$A\cap A=A$	（4′）　$A\cup A=A$	巾等律
（5）　$A\cap(A\cup B)=A$	（5′）　$A\cup(A\cap B)=A$	吸収律
（6）　　　　　　　　　　$A^{cc}=A$		
（7）　$(A\cap B)^c=A^c\cup B^c$	（7′）　$(A\cup B)^c=A^c\cap B^c$	ド・モルガンの法則
（8）　$A\cap\phi=\phi$	（8′）　$A\cup\varOmega=\varOmega$	
（9）　$A\cap\varOmega=A$	（9′）　$A\cup\phi=A$	
（10）　$A\cap A^c=\phi$	（10′）　$A\cup A^c=\varOmega$	
（11）　$\phi^c=\varOmega$	（11′）　$\varOmega^c=\phi$	

　実数の四則演算に似て，交換律，結合律，分配律が成り立つ.

　実数では，× の ＋ に対する分配律

$$M \times (A+B) = (M \times A) + (M \times B)$$

のみであって，＋の×に対する分配律

$$M + (A \times B) = (M+A) \times (M+B)$$

は成り立たなかった.

　ところが集合算では

　　　∩の∪に対する分配律　（3）

　　　∪の∩に対する分配律　（3′）

がともに成り立つ. このほかに，巾等律（4），（4′），吸収律（5），（5′），ド・モルガンの法則（7），（7′）のような，実数にはみられない法則がある.

　（8）～(11)，（8′）～(11′) は，特殊な集合 ϕ と Ω に関する法則で，実数の場合の 0 と 1 に関する法則

$$a+0=a \qquad a \times 1=a \qquad a \times 0=0$$

に似たものである.

　法則はたくさんあるが，証明はいたって やさしい. 演算の定義 §1-（4），（4′），（7）にもとづいて試みればよい. しかし，定義には「かつ」，「または」，「…でない」などの論理的コトバがあるので，これらのコトバに関する法則，

分配法則（3）の図解　　　　　　　　　分配法則（3′）の図解

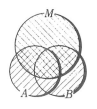 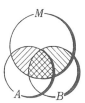 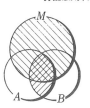 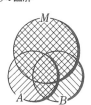

ド・モルガンの法則（7）の図解　　　　　ド・モルガンの法則（7′）の図解

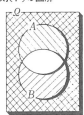 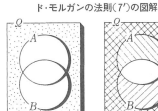 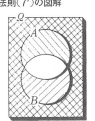

すなわち論理法則が用いられる．論理法則のうち簡単なものは常識の域を出ないが，分配法則とド・モルガンの法則の証明の場合は常識ではかたづけられないので，ジレンマにおちいる．

ここでは，ベン図によって確認できれば十分である．重要なのは分配律とド・モルガンの法則であるから，この2つだけはベン図で，ぜひ確めて頂きたい．*

○双対律

演算についての法則を，左右に対比させて並べてある理由は，説明を待たずとも気付いた読者が多いであろう．

$\cap$と$\cup$，ϕとΩをそれぞれいれかえると，左側の等式は右側の等式にかわり，右側の等式は左側の等式にかわる．したがって全体でみれば内容に変化がない．このことから，集合算に関する等式について，興味ある結論が導かれる．

集合に関する等式は$\cap$，$\cup$，ϕ，Ωで表わされているから，それを

$$f(\cap,\cup,\phi,\Omega)=g(\cap,\cup,\phi,\Omega) \qquad ①$$

で表わしてみる．この式の$\cap$と$\cup$，ϕとΩをいれかえて作った等式は

$$f\{\cup,\cap,\Omega,\phi\}=g(\cup,\cap,\Omega,\phi) \qquad ②$$

と表わされる．①と②は**双対な等式**であるという．（双対な等式は双対な命題へ拡張することもできる．それには $A\subset B\Leftrightarrow A\cap B=A$，$A\subset B\Leftrightarrow A\cup B=B$ を追加し，$\supset$ と $\subset$ をいれかえることを考慮すればよい．）

双対な等式は同時に真か，または同時に偽かである．なぜかというに，もし①が真ならば，その証明は先の法則（1）～（11），（1'）～（11'）を用いて述べられる．その証明で$\cup$と$\cap$，Ωとϕをいれかえると，②が真なることの証明になるから②は真になる．同じ理由で①が偽ならば②も偽になる．したがって①と②は同値である．すなわち

$$①\Leftrightarrow②$$

この事実を集合算の**双対性**という．

双対性は補集合を用いていいかえることもできる．補集合は部分集合に1つの部分集合を対応させる写像で，作用子とみることができる．この作用子によ

---

* 集合に関する分配法則は内包でみると，$\wedge$ と $\vee$ に関する分配法則になる．

$p\wedge(q\vee r)=(p\wedge q)\vee(p\wedge r)$，　$p\vee(q\wedge r)=(p\vee q)\wedge(p\vee r)$

集合に関するド・モルガンの法則は内包でみると，論理におけるド・モルガンの法則

$\overline{p\wedge q}=\overline{p}\vee\overline{q}$, $\overline{p\vee q}=\overline{p}\wedge\overline{q}$ になる．

って，1つの等式から，その双対の等式を導くことができる．（写像について
は ☞ p.66）

たとえば $A \cap B^c = \phi$ の中の集合 A, B をその補集合 A^c, B^c で置きかえ，さ
らに両辺の補集合をとると
$$(A^c \cap B^{cc})^c = \phi^c$$
ところが $\phi^c = \Omega$，（6）によって $B^{cc} = B$ だから
$$(A^c \cap B)^c = \Omega$$
ここで，左辺にド・モルガンの法則（7）を用いると
$$A^{cc} \cup B^c = \Omega \qquad \therefore \quad A \cup B^c = \Omega$$

これは，はじめの等式 $A \cap B^c = \phi$ の双対な等式である．（ここも $\subset$, $\supset$ を
追加することによって双対な等式は双対な命題へ拡張できる．そのとき注意を
要するのは $A \subset B$ の両辺の補集合をとると $A^c \supset B^c$ となることである．）

一般に集合 $A, B, \cdots$ についての等式
$$g(A, B, \cdots) = h(A, B, \cdots) \qquad\qquad ③$$
があるとき，$A, B, \cdots$ を $A^c, B^c, \cdots$ で置きかえ，さらに両辺の補集合をとると
$$\{g(A^c, B^c, \cdots)\}^c = \{h(A^c, B^c, \cdots)\}^c \qquad\qquad ④$$

この両辺を法則（6），（7），（7'），（11），（11'）によってかきかえてみると，
④ は ③ の双対な等式であることがあきらかになる．

∘ 結合法則とかっこ

式の表わす演算の順序には，いくつかの約束がある．その基本になるのは，
次の2つである．

（1） 式は原則として左から順に計算する．

（2） かっこがあるときは，かっこの中を先に計算する．

この2つの約束からみて，たとえば $(a+b)+c$ は $a+b+c$ と同じである．
また $(A \cap B) \cap C$ はかっこを略した $A \cap B \cap C$ と同じである．したがって結
合法則（2）は
$$A \cap B \cap C = A \cap (B \cap C) \qquad\qquad ⑤$$
とかいても同じこと．

この法則があるから $A \cap (B \cap C)$ はかっこを必要としないとき，すなわち
$B \cap C$ を先に計算することを明示する必要のないときは，略して $A \cap B \cap C$ と
表わすのである．

　同じ理由で結合法則($2'$)から，（　）をとくに必要としないときは $A\cup(B\cup C)$ を $A\cup B\cup C$ で表わしてもよいことが導かれる.

　結合法則 ⑤ を，n 個の集合に拡張すると

$$A_1\cap A_2\cap\cdots\cap A_r\cap\cdots\cap A_n=A_1\cap A_2\cap\cdots\cap(A_{r+1}\cap\cdots\cap A_n) \quad ⑥$$

となる.

　この証明は数学的帰納法によればよい.

D'Morgan

。n 個の集合の　共通部分，合併の表わし方

　n 個の集合 $A_1,A_2,\cdots,A_n$ の共通部分

$$A_1\cap A_2\cap\cdots\cap A_n$$

は，次のようにもかく.

$$\bigcap_{i=1}^{n} A_i$$

　同様のかき方は，合併

$$A_1\cup A_2\cap\cdots\cup A_n$$

にも用い

$$\bigcup_{i=1}^{n} A_i$$

とかく.（集合の数が n にきまっているときは，略して $\cap A_i,\cup A_i$ とかくこともある.）

　これらの記号を用いて結合法則を一般化した ⑥ を表わしてみる.

$$\bigcap_{i=1}^{n}A_i=(\bigcap_{i=1}^{r}A_i)\cap(\bigcap_{i=r+1}^{n} A_i)$$

分配法則を n 個の集合に一般化したものは

$$M\cap(\bigcup_{i=1}^{n}A_i)=\bigcup_{i=1}^{n}(M\cap A_i) \qquad （3）の一般化$$

$$M\cup(\bigcap_{i=1}^{n}A_i)=\bigcap_{i=1}^{n}(M\cup A_i) \qquad （3'）の一般化$$

　ド・モルガンの法則を n 個の集合へ一般化すれば

$$(\bigcap_{i=1}^{n}A_i)^c=\bigcup_{i=1}^{n}A_i^{c} \qquad （7）の一般化$$

$$(\bigcup_{i=1}^{n}A_i)^c=\bigcap_{i=1}^{n}A_i^{c} \qquad （7'）の一般化$$

　以上の法則を組合せた，一般の場合を考えてみる.

　たとえば $A\cap(C\cup D^c)$ の補集合を求めてみると

$$\{A \cap (C \cup D^c)\}^c$$
$$= A^c \cup (C \cup D^c)^c \qquad \rceil \text{(7) による.}$$
$$= A^c \cup (C^c \cap D^{cc}) \qquad \rceil \text{(7') による.}$$
$$= A^c \cup (C^c \cap D) \qquad \rceil \text{(6) による.}$$

　この式は，はじめの式の $A, C, D^c, \cap, \cup$ をそれぞれ $A^c, C^c, D, \cup, \cap$ で置きかえたものに等しい.

　一般に　集合 $A, B, C, \cdots$ に演算 $\cap, \cup$, ^{c} をほどこして作った式を
$$P = f(A, A^c, B, B^c, \cdots ; \cap, \cup)$$
で表わすと，この補集合は
$$P^c = f(A^c, A, B^c, B, \cdots ; \cup, \cap)$$
となることがわかる. 先に説明した双対性の補集合による説明は，この事実がもとになっている.

§3　直積

　サイズが S, M, L の 3 通りで，カラーが 赤, 黄, 青, 黒 の 4 通りの セーターを売り出すものとすると，セーターの種類は $3 \times 4 = 12$ 通りで，それらに (S, 赤), (L, 黒) のようにかいたレッテルを はるとすると，12 個のレッテルができる.

サイズ ＼ カラー	赤	黄	青	黒
S	(S, 赤)	(S, 黄)	(S, 青)	(S, 黒)
M	(M, 赤)	(M, 黄)	(M, 青)	(M, 黒)
L	(L, 赤)	(L, 黄)	(L, 青)	(L, 黒)

　これは集合でみると，

　　　　サイズの集合　$A = \{S, M, L\}$,　　カラーの集合　$B = \{赤, 黄, 青, 黒\}$
から，第 3 の新しい集合

　　　　$\{(S, 赤), (S, 黄), \cdots\cdots, (L, 青), (L, 黒)\}$
を作ることである.

　この第 3 の集合を A, B の直積といい $A \times B$ で表わす.

　一般に，2 つの集合 A, B があるとき，A から任意の元 x を，B から任意の

元 y を取り出し, この順に並べた記号 (x,y) を作れば, (x,y) の集合がえられる. すべての (x,y) の集合を A,B の**直積**といい, $A \times B$ で表わす.(集合の記号 $\{x,y\}$ では, x,y の順序に制限がないから $\{x,y\}$ と $\{y,x\}$ とは等しい. $\{\ \}$ が $(\ )$ にかわるだけで, 全くちがったものになる.)すなわち

(1) $\qquad A \times B = \{(x,y) \mid x \in A \text{ かつ } y \in B\}$

ここで用いた記号 (x,y) では, x は A の元, y は B の元と指定されているから, (x,y) と (y,x) とは一般には異なる. このように 2 つの対象 x,y をかく順序を指定した記号 (x,y) で, 相等を次のように定めたものを**順序対**, または**順列**という.

$$(x,y) = (x',y') \iff x=x', y=y'$$

平面上の座標 (x,y) は順序対であって, $(2,3)$ と $(3,2)$ は異なる. $(2,3)$ に等しい順序対は, $(2,3)$ 自身以外にない.

$$(2,3) \neq (3,2) \qquad (2,3) = (2,3) \qquad (3,2) = (3,2)$$

順序対は方眼の点で, 直積はそれらの点の集合で図示することができる.

直積 A,B で, A と B は一般には異なるが等しくてもさしつかえない.

たとえば $A = \{0,1\}$ ならば

$$A \times A = \{(0,0), (0,1), (1,0), (1,1)\}$$

である.

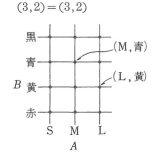

一般には $A \times B$ と $B \times A$ とは異なる. この 2 つが等しくなるのは $A = B$ のときに限る.

直積の包含については, 次の法則が成り立つ.

(2) $\qquad A \subset A', B \subset B' \iff A \times B \subset A' \times B'$

(3) $\qquad A = A', B = B' \iff A \times B = A' \times B'$

○ **3つの集合の直積**

3 つの集合, A,B,C があるとき, A,B,C からそれぞれ任意の元 x,y,z をとり出し, この順に並べた記号 (x,y,z) を作れば, (x,y,z) の集合が得られる. すべての (x,y,z) の集合を A,B,C の**直積**といい

$$A \times B \times C$$

で表わす. したがって

$$A \times B \times C = \{(x, y, z) \mid x \in A, \ y \in B, \ z \in C\}$$

ここで作った記号 (x, y, z) では，x, y, z はそれぞれ A, B, C の元と指定されているから (x, y, z) と (y, x, z)，(y, z, x) などは，一般には異なる．このように対象 x, y, z をかく順序を指定した記号 (x, y, z) で，相等を次のように定めたものも**順列**である．（$((x, y, z)$ を**三重対**ともいう．順序対でもよいと思うが，対はふつう 2 つの場合に用いるから，本書では順列を用いることにする．）

$$(x, y, z) = (x', y', z') \iff x = x', \ y = y', \ z = z'$$

以上では，3 つの集合の直積を別個に定義したが，2 つの集合の直積を用いて定義する道も残されている．この方が数学的であろう．

すなわち，3 つの集合 A, B, C があるとき，$(A \times B) \times C$ を A, B, C の直積と定義してもよい．

$$(A \times B) \times C = \{((x, y), z) \mid (x, y) \in A \times B, \ z \in C\}$$

これについては，容易に結合法則

$$(A \times B) \times C = A \times (B \times C)$$

の成り立つことがわかるから，とくに（　）を必要としないときは $A \times B \times C$ と表わしてよい．

そして (x, y, z) は $((x, y), z)$，$(x, (y, z))$ と同じものとみる．

実例をあげてみよう．

$$A = \{0, 1\}, \ B = \{0, 1\}, \ C = \{a, b\} \qquad \text{ならば}$$

$$A \times B = \{(0, 0), \ (0, 1), \ (1, 0), \ (1, 1)\}$$

したがって

$$(A \times B) \times C = \begin{cases} ((0,0), a), \ ((0,1), a), \ ((1,0), a), \ ((1,1), a) \\ ((0,0), b), \ ((0,1), b), \ ((1,0), b), \ ((1,1), b) \end{cases}$$

中の（　）を略して

$$A \times B \times C = \begin{cases} (0,0,a), \ (0,1,a), \ (1,0,a), \ (1,1,a) \\ (0,0,b), \ (0,1,b), \ (1,0,b), \ (1,1,b) \end{cases}$$

∘ A^2 と A^3

$A \times A$，$A \times A \times A$ は略して A^2，A^3 ともかく．

実数全体の集合を $\mathbf{R}$ とすると，座標平面上の点の座標は，実数の順序対 (x, y) で表わされた．したがって，座標平面上のすべての点の座標の集合は $\mathbf{R} \times \mathbf{R}$，すなわち $\mathbf{R}^2$ で表わされる．集合を空間といい，その要素を点と呼ぶ

方式の場合は，$A \times B$ を空間と呼び，(x,y) を点と呼べばよい．

　また，$a<b$，$c<d$ のとき，4点

　　A(a,d)，B(a,c)，C(b,c)，D(b,d)

を頂点とする長方形の周と内部の点の座標の集合は，区間を用いて

　　　　$[a,b] \times [c,d]$

と表わされる．

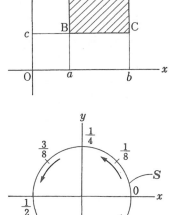

　座標空間（3次元）のすべての点の座標の集合は $R \times R \times R$ すなわち R^3 で表わされる．半径 a の円は

　　　　$(a \cos 2\pi t,\ a \sin 2\pi t)$

　　　　　　$t \in [0,1)$

によって表わされることがわかるように，区間 $[0,1)$ で表わされる．

　区間 $[0,1)$ を S で表わすならば，無限に長い円柱や角柱の側面は，直積

　　　$S \times R$

で表わされることがわかる．

　このような応用の道がいろいろ考えられるところに直積の価値がある．

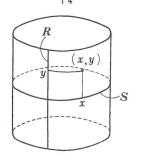

§4　集合族

　数学では，集合そのものを考察の対象に選び，集合の集合を取扱うことが少くない．「集合の集合」では，集合が2つ重なってわかりにくいこともあるので，**集合族**という．ここでは，この程度の理解で十分である．

　たとえば，集合 $E=\{a,b,c\}$ があるとき，元が2つの部分集合に目をつければ，3つの集合 $\{a,b\}$，$\{a,c\}$，$\{b,c\}$ の族

　　　　　$\{\{a,b\},\ \{a,c\},\ \{b,c\}\}$

がえられる．

また元 a を含むものに目をつければ，集合族

$$\{\{a\},\ \{a,b\},\ \{a,c\},\ E\}$$

がえられる．

○巾集合

集合 $E=\{a,b,c\}$ のすべての部分集合の集合は

$$\{\phi,\ \{a\},\ \{b\},\ \{c\},\ \{a,b\},\ \{a,c\},\ \{b,c\},\ E\}$$

である．

　一般に集合 E のすべての部分集合の族を，E の巾集合といい

$$2^E \quad または \quad \boldsymbol{P}(E)$$

などで表わす．

　記号 2^E の由来について簡単に触れておこう．

　たとえば $E=\{a,b,c\}$ の部分集合をもれなく求めるには，a,b,c 各文字について，それを選び出すか，どうかを考えればよい．そこで「選ぶ」ことを○，その否定「選ばない」ことを×で表わし，樹型図を作ってみる．

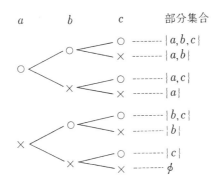

　この部分集合の数は $2\times2\times2$ すなわち 2^3 である．

　一般に，集合 E が有限集合のとき，E の元の個数を $m(E)$ で表わすと，E の部分集合の総数は $2^{m(E)}$ になる．これが巾集合の記号 2^E の由来である．

　集合 E が無限集合であっても，記号 2^E はそのまま用いる．

○集合族の表わし方

　たとえば，集合族

$$\{\{a\},\ \{a,b\},\ \{a,c\},\ \{a,b,c\}\}$$

は，その元，すなわち集合に左から順に番号1,2,3,4を割り当て，$A_1, A_2, A_3,$
A_4 で表わすならば

$$\{A_1, A_2, A_3, A_4\}$$

と表わされる．これはさらに，

$$\{A_i \mid i=1,2,3,4\}$$

と表わしてもよい．

さらに，集合 $G=\{1,2,3,4\}$ を考えるならば

$$\{A_i \mid i \in G\}$$

ここまでくると，集合 G が有限集合であるという条件は必要でなく，任意の集合 G に適用できる表現になる．

たとえば，可算個*の無限集合族

$$\{A_1, A_2, A_3, \cdots, A_n, \cdots\}$$

の場合は，自然数全体の集合を N を用いて

$$\{A_i \mid i \in N\}$$

と表わせばよい．

また，区間 $G=[0,5]$ の任意の実数 x に対して，x を中点とする巾2の区間 $[x-1, x+1]$ を対応させてみよ．このような区間は実数の集合だから，区間の集合は集合族で，しかも区間の個数は非可算個の無限である．しかし，区間 $[x-1, x+1]$ を A_x で表わすことにすると，区間の集合は

$$\{A_x \mid x \in G\}$$

で表わされる．

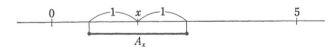

○ 集合族と演算

n 個の集合 $A_1, A_2, \cdots, A_n$ の共通部分と合併

$$\bigcap_{i=1}^{n} A_i \qquad \bigcup_{i=1}^{n} A_i$$

で表わすことについては，先に説明した．

集合の個数が無限であっても

---

* 可算個というのは，有限個か，自然数 1,2,3,… と同じ無限個のことである．

$$A_1, A_2, \cdots, A_n, \cdots$$

と列をなす場合には，無限大の記号 ∞ を用いて

$$\bigcap_{i=1}^{\infty} A_i \qquad\qquad \bigcup_{i=1}^{\infty} A_i$$

と切り抜けられる．

　しかし，この表わし方にも限界がある．集合の個数が $1, 2, 3, \cdots$ と番号をつけて並べられないほど多いとき，すなわち非可算個のときは行き詰る．

　ここを切り抜けるには，集合族を表わすのに，他の集合の元を用いた方式を思い出してみればよい．

　集合 G の元に1つずつ対応する集合があるとき，その集合族を

$$\{A_x \mid x \in G\}$$

で表わした．これに，ならって，この集合族のすべての集合の共通部分と合併はそれぞれ

$$\bigcap_{x \in G} A_x \qquad\qquad \bigcup_{x \in G} A_x$$

または

$$\bigcap A_x (x \in G) \qquad\qquad \bigcup A_x (x \in G)$$

で表わすことにすればよい．（G にあたる集合を1つ固定して話をすすめる場合は $x \in G$ を略して $\bigcap A_x$, $\bigcup A_x$ と表わしてもよい．共通部分と合併をこのように拡張したとき，交換律と結合律にあたる法則がどのようになるかが課題になるが，ここでは立ち入らない．）

　たとえば，区間 $G = [0, 1]$ の G の任意の実数 x に対して区間

$$A_x = (x-1, x+1)$$

を対応させると，これらの区間の共通部分と合併はそれぞれ

$$\bigcap A_x (x \in G) = (0, 1)$$
$$\bigcup A_x (x \in G) = (-1, 2)$$

となる．

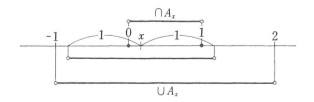

◦ 集合族と演算法則

以上のように拡張した共通部分, 合併において, 演算法則はどうなるか.

理論的にみて, これにはいろいろ問題があるのだが, ここでは, 深く立ち入らないことにし, 結果を挙げるに止めよう.

分配法則を任意の集合族

$$\{A_x \mid x \in G\}$$

に拡張すれば

$$M \cap (\bigcup_{x \in G} A_x) = \bigcup_{x \in G} (M \cap A_x)$$

$$M \cup (\bigcap_{x \in G} A_x) = \bigcap_{x \in G} (M \cup A_x)$$

になることは, 容易に想像できよう.

ド・モルガン法則の拡張は

$$(\bigcap_{x \in G} A_x)^c = \bigcup_{x \in G} A_x^c$$

$$(\bigcup_{x \in G} A_x)^c = \bigcap_{x \in G} A_x^c$$

これも容易に予測できる公式である.

だいぶ記号が複雑になって来た. うんざりしておる読者の顔が目にうつる. 話題を切りかえるチャンスのようである.

練 習 問 題 1

問題

1. 次のことを証明せよ.

(1) $A \subset B \Leftrightarrow A \cap B = A$

(2) $A \subset B \Leftrightarrow A \cup B = B$

2. 次の命題は正しいか.

(1) $A \cap B = \phi$ ならば
  $A = \phi$ または $B = \phi$

(2) $A \cap B = \phi$ ならば
  $A = \phi$ かつ $B = \phi$

(3) $A \cup B = \phi$ ならば
  $A = \phi$ または $B = \phi$

ヒントと略解

1.(1) ⇒の証明 $x \in A$ ならば $x \in B$
  $\therefore x \in A \cap B$ $\therefore A \cap B \supset A$
  一方 $A \cap B \subset A$ はあきらかだから
  $A \cap B = A$
  ⇐の証明 $A \cap B = A$ のとき $x \in A$ ならば
  $x \in A \cap B$ $\therefore x \in B$ $\therefore A \subset B$
  (2) 上の証明にならう.

2. 正しいのは(3)と(4)
  (4)が正しいから(3)は当然正しい.

3. 集合算によってみる.

（4）$A \cup B = \phi$ ならば
　　$A = \phi$ かつ $B = \phi$

3. 差について，次の等式の成り
　立つことを証明せよ．
（1）$M - (A \cap B)$
　　　$= (M - A) \cup (M - B)$
（2）$M - (A \cup B)$
　　　$= (M - A) \cap (M - B)$

4. $A \subset \Omega_1$, $B \subset \Omega_2$ のとき，Ω_1,
　Ω_2, $\Omega_1 \times \Omega_2$ における A, B,
　$A \times B$ の補集合をそれぞれ
　　　$A^c, B^c, (A \times B)^c$
　で表わす．
　　$(A \times B)^c$ を A, B, A^c, B^c,
　Ω_1, Ω_2 で表わせ．

5.（1）等式
　$(A \cap (B \cup C))^c$
　　　$= A^c \cup (B^c \cap C^c)$
　を法則を用いて証明せよ．
（2）上の等式と双対な等式をか
　　いてみよ．またそれを補集合
　　を用いて（1）から導け．

6. $A = \{1, 2\}$, $B = \{0, 1, 2\}$ のと
　き，次の直積の元をすべて求め
　よ．
（1）$A \times B$
（2）$B \times A$
（3）$(A \times B) \cap (B \times A)$

7.　$(A - B) \cup (B - A)$ を A, B
　の対称差といい $A \triangle B$ で表わ
　す．
　　次の問に答えよ．
（1）$A \triangle B$ をベン図で表わせ．

（1）左辺 $= M \cap (A \cap B)^c = M \cap (A^c \cup B^c)$
　　　$= (M \cap A^c) \cup (M \cap B^c) = (M - A) \cup (M - B)$
（2）左辺 $= M \cap (A \cup B)^c = M \cap (A^c \cap B^c)$
　　　$= (M \cap A^c) \cap (M \cap B^c) = (M - A) \cap (M - B)$

4. 図で考えるとやさしい．
　　図の斜線の部分が
　　　$(A \times B)^c$
　　である．これは
　　　$\Omega_1 \times B^c$ と $A^c \times \Omega_2$
　　の合併であるから
　　　$(\Omega_1 \times B^c) \cup (A^c \times \Omega_2)$
　　に等しい．

5.（1）$(A \cap (B \cup C))^c$
　　　$= A^c \cup (B \cup C)^c$
　　　$= A^c \cup (B^c \cap C^c)$
（2）$\cap$ と $\cup$ をいれかえて
　　　$(A \cup (B \cap C))^c = A^c \cap (B^c \cup C^c)$
　　（1）の等式の A, B, C を A^c, B^c, C^c でおきか
　えると
　　　$(A^c \cap (B^c \cup C^c))^c = A \cup (B \cap C)$
　この両辺の補集合をとると
　　　$A^c \cap (B^c \cup C^c) = (A \cup (B \cap C))^c$
　右辺と左辺をいれかえよ．

6.（1）$(1, 0)$, $(1, 1)$, $(1, 2)$
　　　$(2, 0)$, $(2, 1)$, $(2, 2)$
（2）$(0, 1)$, $(0, 2)$
　　　$(1, 1)$, $(1, 2)$, $(2, 1)$, $(2, 2)$
（3）$(1, 1)$, $(1, 2)$, $(2, 1)$, $(2, 2)$

7.（1）図の斜線の部分
（2）$(A \cap B^c) \cup (A^c \cap B)$
（3）逆も真である．
　　$A \triangle B = \phi$ ならば
　　$(A \cap B^c) \cup (A^c \cap B) = \phi$

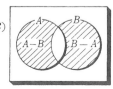

（2）$A \triangle B$ を差を用いないで表わせ.

（3）$A = B \Rightarrow A \triangle B = \phi$
　　この逆は真であるか.

（4）$(A \triangle B) \triangle C$ をベン図で示せ.

（5）次の等式は真か.
　　$(A \triangle B) \triangle C = A \triangle (B \triangle C)$

8. $E = \{0,1,2,3\}$ の巾集合を求めよ.

9. 実数の区間 $G = [0,1]$ の任意の元 x に区間 $A_x = [x, x+1]$ を対応させる. このとき, 次の集合を求めよ.

（1）$\cap A_x (x \in G)$

（2）$\cup A_x (x \in G)$

10. 実数の区間 $\left[0, \dfrac{1}{n}\right] (n \in N)$ を A_n とするとき, 次の集合を求めよ. ただし N は自然数全体の集合.

（1）$\cap A_n (n \in N)$

（2）$\cup A_n (n \in N)$

$\therefore A \cap B^c = \phi$ かつ $A^c \cap B = \phi$

$\therefore A \subset B$ かつ $B \subset A$

$\therefore A = B$

（4）図の斜線の部分

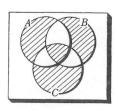

（5）両辺が斜線の部分を表わすから, 両辺は等しい.

8. $\{\phi,\ \{0\},\ \{1\},\ \{2\},\ \{3\},\ \{0,1\},\ \{0,2\},$
　　$\{0,3\},\ \{1,2\},\ \{1,3\},\ \{2,3\},\ \{1,2,3\},$
　　$\{0,2,3\},\ \{0,1,3\},\ \{0,1,2\},\ E\}$

9.（1）$\{1\}$
　（2）$[0,2]$

10.（1）$\{0\}$
　　（2）$[0,1]$

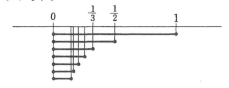

第2章

関　係

§1　関係

　直線を x，平面を y とするとき「x は y に垂直である」は，x と y の関係
で，

$$x \perp y$$

で表わす．また x, y を整数とするとき $y = nx$ をみたす整数 n が存在するとき

$$x \mid y$$

で表わす．

　この2つの例から，関係とは一般に何んであるか，また，それをどう表わし
たらよいかなどの疑問に答えうるであろう．

○関係の表わし方(1)

　2つの集合 A, B（等しくてもよい）の任意の元をそれぞれ x, y とし，x, y
についての文章を

$$x \mathrm{R} y$$

とする．（$x \mathrm{R} y$ は $R(x, y)$ ともかく．$R(x, y)$ の方が，3変数以上に拡張す
るに都合よいが，2変数のときは，$x \mathrm{R} y$ とかくことが多い．この方が関係ら
しい感じを与えるからである．）

　この文章の x, y に個々の元を代入したとき，真または偽のいずれかに確定
するならば，R を

　「**A から B への関係**」，「A と B の関係」，または「A, B の関係」

という．

　「A から B への関係」という表現は奇異に感ずる読者が多いと思うので，こ
のわけを解明しておくのが親切であろう．

　「A と B の関係」という場合にも，「A, B の関係」という場合にも，A と

B の順序は考慮してあるのだが，それを明確にさせるために「A から B への関係」というのである.

「x は y の約数である」を $x\mathrm{R}y$ で表わしたとすると，R はこの文章のうち x, y を除いた部分

　　　　　　　□ は ○ の約数である

を表わしているとみるべきである.

この例で，x, y の順序が重要であることは，x と y をいれかえてみればわかる．たとえば $x=2$, $y=6$ の場合をみると，

　　　2R6　　2は6の約数である.

　　　6R2　　6は2の約数である.

はじめの文章は真であるのに，後の文章は偽になる.

このことは，x, y の順序すなわち集合 A, B の順序が重要であることを意味する.

この事実を，もう一歩掘り下げて，関係を考慮する対象に立戻ってみよう.

任意の円で，同じ弧に対する中心角 x と円周角 y の間には，常識的意味で関係がある．しかし，この関係の文章表現は一通りではない.

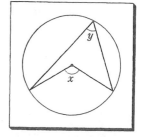

たとえば

　　　x は y の2倍である　（$x=y\times2$）　　①

と表わすほかに

　　　y は x の半分である　（$y=x\times\dfrac{1}{2}$）　　②

と表わすこともできる．（①は主体性が x にあるとらえ方で，②は主体性を y においたとらえ方とみられよう．国語では①の主語を x，②の主語を y とみるようである．）

数学の対象としての関係は，①または②のように文章表現された関係で，図に内蔵されている数学以前の対象としての関係ではない．そこで当然①と②を区別する必要が起きる．この区別は，中心角の集合を A，円周角の集合を B とすると，A, B の順序によって区別するのが自然である．とはいっても，①と②のどちらを「A から B への関係」といい，他方を「B から A への関係」というかを，数学的に区別することはできない．仮りに①を「A か

らBへの関係」と呼ぶことにすれば②は「BからAへの関係」になるというにすぎない．

○関係の表わし方(2)

　すでに気付いたことと思うが，関係は集合と深く結びついた概念である．たとえば，「xとyは平行である」は，x,yが何を表わすか，すなわち，どんな集合の元を表わすかで異なる．

　x,yがともに1つの平面上の異なる直線の場合には，

$$x\|y \text{ は「xとyは交わらない」}$$

ことであるが，x,yがともに空間（3次元）の異なる2直線の場合には

$$x\|y \text{ は「xとyは1つの平面上にあって交わらない」}$$

にかわる．

　この例から，関係は，Rのみでなく，Rと2つの集合の順序対(A,B)とが組になって定まる概念である．このことを明確にさせるために，「AからBへの関係R」を

$$\text{関係 }(\text{R}\,;A,B)$$

と表わすことがある．この表現では，A,Bの順序も考慮されているから，AとBをかってに入れかえてはならない．

　例1　右の図で辺が面に含まれるという関係を定式化してみる．

　辺の集合　$A=\{a,b,c,d,e,f\}$

　面の集合　$B=\{p,q,r,s\}$

　A,Bの任意の元をそれぞれx,yとする．すなわち$x\in A$，$y\in B$とする．

　「xはyに含まれる」をxRyで表わすと，1つの関係$(\text{R}\,;A,B)$がえられる．

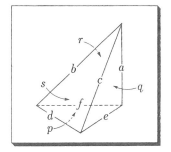

　例2　実数の大小も関係の1つである．この場合には，実数全体の集合を$\boldsymbol{R}$，$\boldsymbol{R}$の任意の2つの元をx,yとすると，「xはyより小さい」は$x<y$で表わされる．したがって，この関係は

$$(<\,;\boldsymbol{R},\boldsymbol{R})$$

で表わされる．

　これは関係Rが$<$で，$A=B=\boldsymbol{R}$の場合にあたる．

○関係のグラフ

実例で説明しよう.

2つの集合 $A = \{2,3,4,5,9\}$, $B = \{1,2,3,5,6,7,8\}$ の元 x, y の関係として,

$x\mathrm{R}y$: x は y の約数である.

を選んでみる.

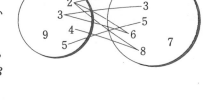

x, y は直積 $A \times B$ の元とみればよいから (x, y) で表わす.

(x, y) のうち, 上の関係をみたすものをすべてひろい出してみると, $A \times B$ の部分集合

$$\mathrm{G} = \{(2,2),\ (2,6),\ (2,8),\ (3,3),\ (3,6),\ (4,8),\ (5,5)\}$$

がえられる. この集合を上の関係のグラフという. (G はグラフ graph の頭文字をとった.)

一般に関係 $(\mathrm{R}; A, B)$ があるとき, $A \times B$ の元 (x, y) のうち, この関係をみたすものの集合 G を, この関係の**グラフ**という.

この定義は, 高校流の定義とかけ離れているので, 奇妙に感ずるかも知れない. 高校では集合 G を図示したものをグラフというのが習慣である. 関係の図示の仕方はいろいろある. 上の図のように, 2つの集合の元を線でつないでもよいし, また, 右の図のように, 方眼を用い, 格子点で示すこともできる. このほかにもいろいろあろう.

したがって図示したものをグラフと呼んだのでは, 何を指すのかはっきりしない. それならいっそ, 集合 G 自身をグラフと呼ぶ方がよいわけである.

$A \times B$ を空間, その元 (x, y) を点と呼ぶ流儀によると, (x, y) の集合は点の集合だから, グラフと呼んでも不自然でない.

関係 $(\mathrm{R}; A, B)$ があれば, $A \times B$ の部分集合としてグラフ G が1つ定まる.

逆に, 2つの集合 A, B があるとき, $A \times B$ の部分集合 G に対して, 1つの関係を定めることができる. なぜかというに, (x, y) が G に属することは, x, y の関係だから, この関係を選べば, よいからである.

　結局，関係は，2つの集合 A, B と，$A \times B$ の部分集合 G によって定まるものだから，G, A, B を組として

$$\text{関係 } (G; A, B)$$

と表わすこともできる．（集合 A, B が一定なときは，関係 R のグラフを G_R とかき，逆に集合 G によって定まる関係は R_G と表わすことがある．）

。関係の相等

　関係を数学の対象とするからには，2つの関係

$$(R_1; A_1, B_1) \qquad (R_2; A_2, B_2) \qquad \qquad ①$$

が等しいかどうかを見分けることを明確にさせなければならない．

　この2つの関係が等しいためには，まずその土俵にあたる集合の一致することが必要である．すなわち

$$A_1 = A_2, \quad B_1 = B_2 \quad \text{これは} \quad A_1 \times B_1 = A_2 \times B_2$$

と同じこと．これをみたした上で，$x R_1 y$, $x R_2 y$ をみたす (x, y) が完全に一致するとき，すなわち

$$x R_1 y \Leftrightarrow x R_2 y \qquad \qquad ②$$

のとき，① の2つの関係は**等しい**といい

$$(R_1; A_1, B_1) = (R_2; A_2, B_2)$$

で表わす．（$A_1 = A_2$, $B_1 = B_2$ が自明のときは，略して $R_1 = R_2$ とかく．）

　この定義の②はグラフ G_1, G_2 が一致することと同じである．

　すなわち，2つの集合 A, B に関する関係でみると

$$\text{関係が等しい} \Leftrightarrow \text{グラフが等しい}$$

$$(R_1 = R_2) \qquad \qquad (G_1 = G_2)$$

。逆関係

　「花子は太郎を愛す」に対して「太郎は花子に愛される」，「a は b に金を借りた」に対して「b は a に金を貸した」，「x は y の約数である」に対して「y は x の倍数である」をそれぞれ逆関係という．この逆関係を，数学的に定式化すればどうなるか．

　具体例で考えてみる．2つの集合

$$A = \{2, 3, 4, 5\} \qquad B = \{1, 2, 3, 5, 6, 7, 8\}$$

の任意の元をそれぞれ x, y とし，

$$x R y : x \text{ は } y \text{ の約数である．} \qquad \qquad ①$$

$ySx : y$ は x の倍数である.　　　　　　　　　　　　②

とおいて，2つの関係を

$$(R;A,B)\qquad (S;B,A)\qquad\qquad ③$$

で表わしてみる.

①と②は，すべての x,y に対して，同時に真または同時に偽になるから

すべての x,y について　$xRy \Leftrightarrow ySx$　　　　　　④

である.

そこで，一般に，2つの関係③において，④が成り立つとき，SはRの**逆関係**であるといい

$$S=R^{-1}$$

で表わす．もちろん，このとき，RはSの逆関係でもあるからR=S^{-1} よって

$$(R^{-1})^{-1}=S^{-1}=R$$

が成り立つ．すなわち逆関係の逆関係はもとの関係である．（$A \times B$ の部分集合を P とするとき，$B \times A$ の部分集合 $\{(y,x) \mid (x,y) \in P\}$ を P の対称集合といい P^{-1} で表わす．P^{-1} によって定まる関係は P によって定まる関係の逆関係である．）

Rとその逆関係 R^{-1} のグラフをくらべてみる.

Rのグラフ＝$\{(2,2),\ (2,6),\ (2,8),\ (3,3),\ (3,6),\ (5,5)\}$

R^{-1} のグラフ＝$\{(2,2),\ (6,2),\ (8,2),\ (3,3),\ (6,3),\ (5,5)\}$

これをみると，Rのグラフの元と R^{-1} のグラフの元とは，x,y をいれかえたものである．このことは xRy を用いて表わせば

Rのグラフ＝$\{(x,y) \mid xRy,\ (x,y) \in A \times B\}$

R^{-1} のグラフ＝$\{(y,x) \mid xRy,\ (x,y) \in A \times B\}$

また，$xR^{-1}y$ を用いて表わせば

R^{-1} のグラフ＝$\{(y,x) \mid yR^{-1}x,\ (y,x) \in B \times A\}$

Rのグラフ＝$\{(x,y) \mid yR^{-1}x,\ (y,x) \in B \times A\}$

§2　関係についての法則

いろいろの関係を比較，あるいは分類するには，関係の特徴をみなければならない．その1つの着眼点は，どんな法則をみたすかをみることである.

　ここでは，関係 $(\mathrm{R};A,B)$ のうち，とくに A と B が E に等しい場合，すなわち

　　　　関係 $(\mathrm{R};E,E)$

について考える．この関係はいままでの表現によると「E から E への関係 R」となるが，これを略して

　　　　E 上の関係 R

ともいう．

　たとえば，x,y を任意の実数とするとき，$x<y$ は，実数上の関係である．また，x,y を任意の自然数とするとき「x は y の約数」すなわち $x\mid y$ は，自然数上の関係である．

○ 反射律

　E 上の関係 R について考える．E の任意の元 x について

　　　　$x\mathrm{R}x$

が成り立つとき，R は**反射的**である，または**反射律**をみたすという．

　任意の自然数 x について

　　　　x は x の約数である．　　　　　　　　　　　①

はつねに成り立つから，自然数上では，約数という関係は反射的である．*

　しかし，x を整数とすると，x が 0 でないときは，① が成り立つが，0 のときは成り立たない．したがって，整数上では，約数という関係は反射的でない．

　任意の実数を x とすると

　　　　$x\leqq x$

はつねに成り立つから，実数上で，関係 $\leqq$ は反射的である．しかし

　　　　$x<x$

はどんな x についても成り立たないから，$<$ は反射的でない．

○ 対称律

　E の任意の 2 元 x,y について

　　　　$x\mathrm{R}y$　ならば　$y\mathrm{R}x$　である

が成り立つとき，R は**対称的**である，または**対称律**をみたすという．

＊　直積 $E{\times}E$ においてすべての (x,x) の集合を対角集合といい $\varDelta$ で表わす．関係 R が反射的ならば，そのグラフ G は $\varDelta$ を含む．

任意の実数を x, y とすると

$$x < y \quad \text{ならば} \quad y < x$$

はけっして成り立たないから，実数の集合上で < は対称的でない．

また

$$x \leqq y \quad \text{ならば} \quad y \leqq x$$

は，$x = y$ のときは成り立つが，$x \neq y$ のときは成り立たない．よって，実数上で ≦ は対称的でない．

平面上の任意の直線 x, y について

$$x \perp y \quad \text{ならば} \quad y \perp x$$

は成り立つ．したがって，平面上の直線の集合で，⊥ は対称的である．

R が対称的ならば $x\mathrm{R}y \Rightarrow y\mathrm{R}x$ で，これは，x, y をそれぞれ y, x でおきかえても成り立つから

$$x\mathrm{R}y \Leftrightarrow y\mathrm{R}x$$

一方 R の逆関係を R^{-1} とすると

$$x\mathrm{R}y \Leftrightarrow y\mathrm{R}^{-1}x$$

であったから

$$y\mathrm{R}x \Leftrightarrow y\mathrm{R}^{-1}x$$

これは，$\mathrm{R} = \mathrm{R}^{-1}$ であることを意味する．上の推論は逆も成り立つから

$$\text{R が対称的} \Leftrightarrow \mathrm{R} = \mathrm{R}^{-1}$$

したがって，逆関係は対称的でない関係で問題になるものである．

「借り」は対称的でないから，その逆関係のコトバ「貸す」が必要なのである．

「含む」も対称的でないから，その逆関係を「含まれる」によって区別する．

「平行」は対称的だから，その逆関係も「平行」で済ませる．

角でみると，対頂角, 同位角, 錯角, 補角などの関係，数では共役, 逆数, 反数などの関係は対称的である．（対称的な関係では「互に……」ということがある．「α と β は互に共役である」というように．対称的な関係のグラフを G とすると，G は G の対称集合 G^{-1} と一致する．）

○ 反対称律

E の任意の2元 x, y について

$$x\mathrm{R}y, \quad y\mathrm{R}x \quad \text{ならば} \quad x = y$$

が成り立つとき，関係 R は**反対称的**である，または**反対称律**をみたすという.

実数 x, y でみると

$$x \leqq y, \quad y \leqq x \quad \text{ならば} \quad x = y$$

となるから，実数の集合上で $\leqq$ は反対称的である.

また集合 M, N でみると

$$M \subset N, \quad N \subset M \quad \text{ならば} \quad M = N$$

となるから，集合族上で，$\subset$ は反対称的である.

また x, y を自然数とする

$$x \mid y, \quad y \mid x \quad \text{ならば} \quad x = y$$

となるから，自然数の集合上の整除関係は反対称的である.*

しかし x, y を整数とすると

$$x \mid y, \quad y \mid x \quad \text{ならば} \quad x = \pm y$$

となるので，整数全体の集合上の整除関係は反対称的でない.

。推移律

E の任意の 3 つの元 x, y, z について

$$x \mathrm{R} y, \quad y \mathrm{R} z \quad \text{ならば} \quad x \mathrm{R} z$$

が成り立つとき，関係 R は**推移的**である，または**推移律**をみたすという.

x, y, z を平面上の直線とすると

$$x \mathbin{/\!/} y, \quad y \mathbin{/\!/} z \quad \text{ならば} \quad x \mathbin{/\!/} z$$

が成り立つから，平面上の直線の集合上の平行は推移的である.

ところが

$$x \perp y, \quad y \perp z \quad \text{ならば} \quad x \mathbin{/\!/} z$$

であって，$x \perp z$ とはならないから，垂直は推移的でない.

§3　同値関係

数学における関係で，とくに基本的なのは同値関係と順序関係である.

同値関係というのは，反射律，対称律，推移律をすべてみたす関係のことで，

---

* 反対称的な関係のグラフを G，その対称集合を G^{-1} とすると
$$\mathrm{G} \cap \mathrm{G}^{-1} \subset \varDelta$$
である.

この3つの法則を合わせて**同値律**と呼んでいる.

同値関係は $x\mathrm{R}y$ の代りに

$$x\sim y,\ x=y\quad または\quad x\equiv y$$

を用いることが多い. そして $x\sim y$ であるとき, x と y は**同値**であるという.

同値関係はきわめて多い.

例1　相等関係 $x=y$ は, x,y が同一の元を表わす意味で,　あきらかに同値関係である.

例2　平面上の直線, または空間の直線の集合上で

$$x\|x$$
$$x\|y\quad ならば\quad y\|x$$
$$x\|y,\ y\|z\quad ならば\quad x\|z$$

がつねに成り立つから, 平行 $\|$ は同値関係である.

例3　整数論では, x,y,k が整数で $x-y$ が k で割り切れるとき,　すなわち $x-y=nk$ をみたす整数 n があるとき, x と y は k を法として合同 (モズラス k の合同) であるといい

$$x\equiv y\ (\mathrm{mod}\ k)$$

とかくが, この関係も同値関係である.　(この合同は実数へ拡張することができる. x,y,k を実数とするとき $x-y=nk$ をみたす整数 n があるならば, $x\equiv y\ (\mathrm{mod}\ k)$ と表わすことにすればよい. 角において $\alpha=\beta\ (\mathrm{mod}\ 2\pi)$ などは重要である.)

例4　同時には 0 でない 2 つの実数の順序対 (x,y) の集合を E とする. E の 2 つの元 $(x,y),\ (x',y')$ において

$$x'=kx,\ y'=ky,\ k\neq 0\ なる実数\ k\ が存在するとき\ (x,y)\sim(x',y')$$

と表わすことにすると, 関係 $\sim$ は同値関係になる.

○**同値関係と類別**

同値関係が重要なのは, 類別ができることである.

たとえば, 自然数の集合

$$E=\{0,1,2,3,\cdots,19\}$$

で, 同値関係 $x\equiv y\ (\mathrm{mod}\ 5)$ を考え, 同値なものどうしを集めると,　次の5つの部分集合に分かれる.

$$C_0=\{0,5,10,15\}\qquad C_1=\{1,6,11,16\}\qquad C_2=\{2,7,12,17\}$$

$C_3 = \{3, 8, 13, 18\}$　　　$C_4 = \{4, 9, 14, 19\}$

$C_r (r = 0, 1, 2, 3, 4)$ は，5で割ったときの余りが r の数になっている.

これらの部分集合はどれも元をもち，全体の合併は E に等しく，どの異なる2つの部分集合にも共通な元がない．すなわち

（i）　$C_i \neq \phi$

（ii）　すべての C_i の合併は E に等しい

（iii）　$C_i \neq C_j$ ならば $C_i \cap C_j = \phi$

このように集合 E を分けることを**類別**といい，部分集合 C_i を E の**類**というのである．（類別を 分類，クラス分け，細胞分割 などという．類は クラス，細胞 などともいう．）

同値関係によって類別を行なったときは，そのときの類のことを**同値類**ともいう．

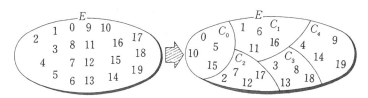

一般に同値関係によって，類別ができることは，証明してみる価値がある．証明の過程で，反射律，対称律，推移律がどのように用いられるかがわかり，最小限同値律をみたすことの必要なことがあきらかになるからである．

集合 E 上に同値関係 ～ があるときは，同値な元どうしでは部分集合をつくり，それらの部分集合は E の類別になる．

E の1つの元 a と同値な元全体の集合を C_a で表わしてみる．すなわち

$$C_a = \{x \mid x \sim a\}$$

（i）　任意の C_a をとると，反射律によって $a \sim a$ だから $a \in C_a$

　　　　$\therefore \ C_a \neq \phi$

（ii）　E の任意の元を x とすると，（i）によって $x \in C_x$ だから

　　　　$E \subset$ すべての C_x の合併

C_x は E の部分集合だから

　　　　$E \supset$ すべての C_x の合併

$$\therefore\ E=\ \text{すべての}\ C_x\ \text{の合併}$$

(iii)　$C_a \neq C_b$　ならば　$C_a \cap C_b = \phi$　を示せばよい.

背理法による. もし $C_a \cap C_b \neq \phi$ とすると C_a, C_b には共通な元があるから,その1つを c とすると

$$c \in C_a\ \text{から}\ c \sim a \hspace{3cm} ①$$

$$c \in C_b\ \text{から}\ c \sim b,\ \text{対称律によって}\ b \sim c \hspace{1cm} ②$$

推移律によって②と①から

$$b \sim a \hspace{5cm} ③$$

C_a の任意の元を x とすると $x \sim a$, また対称律で③から $a \sim b$, 推移律で $x \sim b$ よって x は C_b の元でもあるから

$$C_a \subset C_b$$

逆に C_b の任意の元を y とすると $y \sim b$, これと③から推移律によって,$y \sim a$, よって y は C_a の元でもあるから

$$C_b \subset C_a$$

$$\therefore\ C_a = C_b$$

これは仮定 $C_a \neq C_b$ に矛盾する.

上の定理の逆も成り立つ.

> 集合 E がある部分集合族によって類別されているときは,E の2つの元 x, y は,同じ類に属するときに限って $x \sim y$ と表わすことにすると,関係 $\sim$ は同値関係である.

この証明は簡単であるから,読者の練習として残しておこう.

○ 商集合とその表わし方

さきに,集合 $E = \{0, 1, 2, 3, \cdots, 19\}$ を,mod 5 の合同によって,5つの類 C_0, C_1, C_2, C_3, C_4 に分けた. そこで,この類を元とする集合

$$\{C_0, C_1, C_2, C_3, C_4\}$$

を考えることができる. この集合を,E を mod 5 の合同で割った**商集合**,または**商**といい,

$$E/\text{mod 5 の合同}$$

で表わす. 「mod 5 の合同」という同値関係を R で表わせば

$$E/\text{R} = \{C_0, C_1, C_2, C_3, C_4\} \hspace{3cm} ①$$

　集合を関係で割った商というのは奇妙な感じがしないでもないが，小学生に
もどり，等分除でも思い出してみれば，類似点を見い出せるだろう．

　①の商集合の表わし方をみると，C_rのサフィックスのrは，この類に属する
最小の元である．rの代わりに，その類に属するどの元を用いてもよいから，
たとえばC_2は，C_7, C_{12}, C_{17}と表わしてもよい．

$$C_2 = C_7 = C_{12} = C_{17} = \{2, 7, 12, 17\}$$

　この類をとくにC_2で表わすことに制限したとすると，2はその類の代表に
選ばれたとみられるから，2を**代表**といい，C_2を2を代表とする**同値類**とい
う．

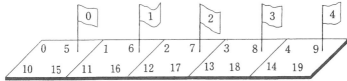

　代表元の選び方については，とくに制限がないから，具体例ごとに，都合の
よいものを選べばよい．

　例1　整数全体$\boldsymbol{Z}$を$\bmod k$の合同（kは正の整数）で類別したときは，類
の代表としては，kで割ったときの余り$0, 1, 2, \cdots, k-1$を選ぶことが多い．

$$\boldsymbol{Z}/\bmod k\text{の合同} = \{C_0, C_1, C_2, \cdots, C_{k-1}\}$$

　例2　座標平面上のすべての直線の集合Lで，関係として平行を選んでみよ
う．平行は，同一直線は平行であるを認めるならば，同値関係になる．したが
ってLを平行によって類別できる．

　このとき，どの類にも，原点Oを通る直線が
1つずつあるから，それを類の代表に選ぶこと
ができる．

　直線の方向は，極めて基本的概念で説明がし
にくい．「直線はすべて方向をもち，2直線の
方向は，2直線が平行なときに限って等しい」
という以外に，数学的には説明のしようがない．

　直線aの方向を，いまかりに$\vec{a}$で表わしてみると

$$a \| b \Leftrightarrow \vec{a} = \vec{b}$$

一方aを含むクラスをC_aで表わしてみると

$$a /\!/ b \iff C_a = C_b$$

となるから

$$\vec{a} = \vec{b} \iff C_a = C_b$$

つまり，直線の方向は，商集合

$$L/平行$$

の各元に1つずつ対応する概念である．

例3　2つの実数 a, b の比 $a:b$ は，拡張したものを考えると，$(0,0)$ を除く順序対 (a, b) に，次の関係を定義したものである．

$$(a, b) \sim (a', b') \iff a' = ak, \ b' = bk, \ k \neq 0$$

関係 $\sim$ が同値律をみたすことは容易に確められるから同値関係であり，類別が可能である．

類の代表としては，a, b が簡単な数で表わされたものを選ぶことが多い．線分を分ける比の場合は $a + b \neq 0$ であるから，比 (a, b) は必ず比 $\left(\dfrac{a}{a+b}, \dfrac{b}{a+b} \right)$ と同値である．この比では，2数の和が1に等しい．したがって，類の代表としては $a + b = 1$ をみたす比 (a, b) を代表に選ぶことができる．

○ 同値な元の同一視

同値関係の定義されている集合 E では，同値であっても元を区別する場合と，同値な元はほとんど区別しない場合とがある．後者の場合に，同値な元を**同一視**するという．

同一視する場合は，そのことを強調するために，同値を表わすのに等号を用いることが多い．

同値を $\sim$ で表わしたときは

$$x \sim y \iff C_x = C_y$$

だから，E の元の同値は，商集合 $E/\!\sim$ の元の相等で表わされる．そこでもし，$\sim$ を $=$ にかえたとすると

$$x = y \iff C_x = C_y$$

となって，E の元の相等は，商集合 $E/\!=$ の元の相等で表わされることになる．

その代表的例は，有理数とベクトルであろう．

例1　すべての有理数は，m を 0 でない整数，n を整数とすると分数 $\dfrac{n}{m}$ で表わされる．有理数全体の集合を $\boldsymbol{Q}$ とすると

$$Q = \left\{ \frac{n}{m} \;\middle|\; m, n \in \mathbf{Z}, \; m \neq 0 \right\}$$

2 つの有理数が等しいというのは，もともとは分母どうし，分子どうし等しい場合である．すなわち

$$\frac{n}{m} = \frac{n'}{m'} \iff m = m', \; n = n' \qquad\qquad ①$$

これに対して，値が等しいは同値関係であるから，〜 で表わし

$$\frac{n}{m} \sim \frac{n'}{m'} \iff mn' = m'n \qquad\qquad ②$$

と定義される．

$\mathbf{Q}$ を 〜 によって類別すると，値の等しい分数が 1 つの類を作る．たとえば

$$\frac{1}{2} \sim \frac{2}{4} \sim \frac{3}{6} \sim \frac{4}{8} \sim \cdots \sim \frac{-1}{-2} \sim \frac{-2}{-4} \sim \frac{-3}{-6} \sim \cdots$$

だから

$$\left\{ \begin{array}{l} \dfrac{1}{2}, \; \dfrac{2}{4}, \; \dfrac{3}{6}, \; \dfrac{4}{8}, \; \cdots \\[2mm] \dfrac{-1}{-2}, \; \dfrac{-2}{-4}, \; \dfrac{-3}{-6}, \; \dfrac{-4}{-8}, \; \cdots \end{array} \right\}$$

は 1 つの類を作る．

ところが，小学校以来 ① の相等を無視し，② の同値関係を等号 = で表わし

$$\frac{1}{2} = \frac{2}{4} = \frac{3}{6} = \cdots\cdots = \frac{-1}{-2} = \frac{-2}{-4} = \frac{-3}{-6} = \cdots$$

のように表わしてきた．

これは，同値な分数，すなわち値の等しい分数を同一視する取扱いである．

例 2　平面上のベクトルの取扱いを振り返ってみよう．平面上のすべての有向線分の集合を E としよう．この集合上で，長さと 向きの等しい 2 つの有向線分を 〜 で表わしてみる．すなわち

$$\left. \begin{array}{l} \overline{\mathrm{AB}} = \overline{\mathrm{CD}} \\ \overrightarrow{\mathrm{AB}} \text{ の向き} = \overrightarrow{\mathrm{CD}} \text{ の向き} \end{array} \right\} \iff \overrightarrow{\mathrm{AB}} \sim \overrightarrow{\mathrm{CD}}$$

関係 〜 が同値律をみたすので 同値関係であり，E は 〜 によって類別される．

ベクトルというのは，商集合

$$E/\sim$$

の元のことで，この元によく知られている加法,減法,実数倍を定義したとき,

$E/\sim$ をベクトル空間というわけである.

　高校のベクトルの取扱いで，この同値関係 $\sim$ を等号 $=$ で表わすのは，同値な有向線分を同一視することを強調するためとみられる.

　類の代表は一定でない．そのつど，都合のよい有向線分を選び，それによって，それの属する類，すなわちベクトルを代表させる．たとえば右の図でベクトル $\overrightarrow{CA}$ というのは，有向線分 $\overrightarrow{CA}$ の属するベクトルを表わす．したがって

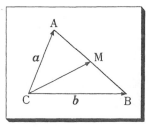

$$\text{ベクトル } \overrightarrow{CA} = \boldsymbol{a}$$

と表わしたとすると，$\boldsymbol{a}$ はベクトルで，$\overrightarrow{CA}$ は $\boldsymbol{a}$ の代表である．（高校の大部分の教科書は，ベクトルと有効線分とを区別しない．たまに，有効線分を固定ベクトルといい，一般のベクトルを自由ベクトルと呼んで区別するものがある.）

　M が AB の中点のとき

$$\overrightarrow{CM} = \frac{1}{2}(\overrightarrow{CA} + \overrightarrow{CB})$$

とかくが，この式の中の $\overrightarrow{CA}$, $\overrightarrow{CB}$, $\overrightarrow{CM}$ は有向線分自身ではなく，それらの有向線分の代表するベクトルで，内容は

$$\text{ベクトル } \overrightarrow{CM} = \frac{1}{2}(\text{ベクトル } \overrightarrow{CA} + \text{ベクトル } \overrightarrow{CB})$$

とみるべきであろう.

§4　順序関係

　関係のうち，反射律,反対称律,推移律をみたすものを**順序**，または**順序関係**という．すなわち，次の3つの法則をみたす関係 R が順序関係である.

（ⅰ）　反射律　　aRa

（ⅱ）　反対称律　aRb, bRa　ならば　$a=b$

（ⅲ）　推移律　　aRb, bRc　ならば　aRc

順序の与えられている集合を**順序集合**という.

　順序関係のうち，最も身近なものは，以上,以下を表わす $\leqq$ である.

実数全体の集合 $\boldsymbol{R}$ において

$x \leqq x$

$x \leqq y$, $y \leqq x$　ならば　$x = y$

$x \leqq y$, $y \leqq z$　ならば　$x \leqq z$

そこで，一般に順序関係を $\leqq$ または $\leq$ で表わすことが多い.* （順序関係は，本によっては $<$, $>$ などの特殊な記号が用いられている.）

例1　いままでに使ってきた関係で，順序関係として重要なものに，集合の包含関係がある. A, B, C を集合とすると

$A \subset A$

$A \subset B$, $B \subset A$　ならば　$A = B$

$A \subset B$, $B \subset C$　ならば　$A \subset C$

が成り立つから，$\subset$ はあきらかに順序関係である.

この順序関係は，集合 $E = \{a, b, c\}$ の巾集合

$\boldsymbol{P}(E) = \{\phi$, $\{a\}$, $\{b\}$, $\{c\}$, $\{a,b\}$, $\{a,c\}$, $\{b,c\}$, $A\}$

では，どうなっているか調べてみよう.

ϕ はすべての集合に含まれる.

$\{a\}$ を含む集合は $\{a\}$, $\{a,b\}$, $\{a,c\}$, E

$\{b\}$ を含む集合は $\{b\}$, $\{a,b\}$, $\{b,c\}$, E

$\{c\}$ を含む集合は $\{c\}$, $\{a,c\}$, $\{b,c\}$, E

$\{a,b\}$ を含む集合は $\{a,b\}$, E

$\{a,c\}$ を含む集合は $\{a,c\}$, E

$\{b,c\}$ を含む集合は $\{b,c\}$, E

E を含む集合は E だけ.

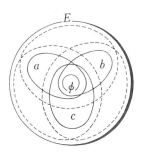

ごらんのように，ベン図では行詰る.

○ 順序の図式化

これだけの包含関係があるわけだが，このようにすべてを列記してみても，全体のようすはつかめない. なにかよい図示法はないものかということから，考え出されたのが，次のハッセ図式で，どんな順序も図示できる. （ハッセ Hasse (1898—) のくふうした図.）

この図では包含関係を上下の線で結ぶ.

---

*　順序 $\leqq$ の与えられている順序集合 A は略して
$$(A, \leqq)$$
　で表わす.

$P \subset Q$ で，P は Q よりも下の方へかくことに約束したら，それを守る．

同一集合の包含関係 $P \subset P$ は略す．

推移律によって，包含が間接にわかるものは略す．たとえば

$\{a\} \subset \{a,b\}$，$\{a,b\} \subset E$

から $\{a\} \subset E$ はわかるから，この包含を示す線は略す．つまり，包含で隣合うものだけを結ぶ．

このハッセ図式をみると，包含関係は一目でわかり，構造的に把握できる．

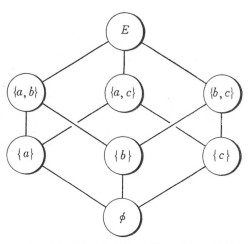

$P \subset Q$ の図示で，P を Q の上方にかくか，またはこの逆にするかは自由である．要するにどちらかに統一すればよい．

例2 順序関係で小学生にもわかるものとしては，約数関係（倍数関係）がある．

自然数 a が自然数 b の約数であることを $a \mid b$ で表わしてみると，あきらかに

$a \mid a$

$a \mid b$，$b \mid a$ ならば $a=b$

$a \mid b$，$b \mid c$ ならば $a \mid c$

となるから，この関係は順序関係である．

実例として集合

$E = \{1,2,3,\cdots,10\}$

上の約数関係をハッセ図式にかいてみた．

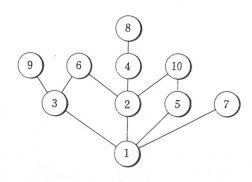

○ 全順序集合

上の例2でみると，たとえば2と3では，2は3の約数でないし，3は2の約数でもないから，2と3には順序関係 $\mid$ がない．2と5，5と7，4と6などについても同様である．

　このように，一般の順序集合では，どの元にも順序があるわけではない．順序のある2元と，順序のない2元とがあるのがふつうである．

　順序 ≦ をもった集合 A で，2元 x, y について $x \leqq y$ または $y \leqq x$ が成り立つときは，x と y は**比較可能**であるという．

　集合 $E = \{1, 2, 4, 8, 16\}$ 上で，約数関係を考えると，どの2つの元を選んでも比較可能である．

　このように，順序 ≦ の与えられている 集合 E があって，E のどの2元 x, y についても

　　　$x \leqq y$　または　$y \leqq x$

が成り立つとき，E を**全順序集合**という．（全順序集合では，$x \leqq y$ と $y \leqq x$ は，$x = y$ のときに限って，ともに成り立ち，$x \neq y$ のときは一方だけが成り立つ．）

　全順序集合は，有限集合の場合には，ハッセ図式は，上の例のように1つの線分をなす．全順序集合を**線形順序集合**または**鎖**ともいうのは，そのためであろう．

　自然数の集合,有理数の集合,実数の集合は，普通の 大小関係 ≦ について全順序集合をなし，それを図示した一例が数直線である．

　数直線では無限に延びていておもしろくないというなら，射影によって線分上へうつせばよい．順序をくずさずに，両端を除く線分 PQ 上に完全にうつすことができる．

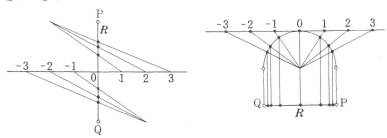

○ 最大元と最小元

　一般に集合 E に順序 ≦ が与えられているときは，E の2つの元 x, y が $x \leqq y$ $x \neq y$ をみたすとき，x より y が大きい（x は y より小さい）ということにす

れば，大,小という用語を用いる道が開ける.

たとえば，$E=\{a,b,c\}$ の
巾集合 $P(E)$ 上で包含関係を
みると

$$\phi\subset\{a\}\subset\{a,b\}\subset E$$

だから，ϕ より $\{a\}$ は大きく，
それよりも $\{a,b\}$ が大きく，
それよりも E が大きい.

しかし $\{a,b\}$ と $\{a,c\}$ には
包含関係がないから，どちら
が大きいともいえない.

大,小 が定まれば，最大元
と最小元も考えられる.

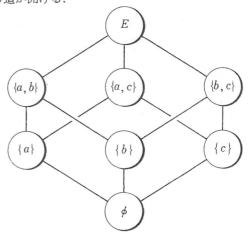

たとえば，上の巾集合の部分集合族

$$A=\{\phi,\ \{a\},\ \{b\},\ \{a,b\}\}$$

でみると，$\{a,b\}$ は A に属し，しかも A のどの元よりも小さくはならないか
ら，A の最大元である. 同様の理由で ϕ は最小元である.

しかし，部分集合族

$$B=\{\phi,\ \{a\},\ \{b\},\ \{a,c\}\}$$

には最大元がない. なぜかというに $\{a,c\}$ は $\phi,\{a\}$ より大きいが，$\{a,c\}$ は
$\{b\}$ より大きくも小さくもないからである. しかし，最小元は存在し，それは
ϕ である.

一般に，順序 $\leqq$ の与えられている順序集合 E の部分集合を A とするとき，
E の元 a が次の条件（ i ），（ ii ）をみたすならば，a を A の最大元といい，
$\max A$ で表わす.（最大値,最小値は集合に対応する値である. 関数 $y=f(x)$
の最大値というのは，値域の最大値のことであって，変数 y の最大値ではない
のだが，ふつう y の最大値といい $y_{\max}$ とかくから誤解を生ずる.）

$$\max A=a\iff\begin{cases}(\text{ i })&a\in A\\(\text{ ii })&x\in A\implies x\leqq a\end{cases}$$

同様にして A の最小元も定義される.

$$\min A=a\iff\begin{cases}(\text{ i })&a\in A\\(\text{ ii })&x\in A\implies x\geqq a\end{cases}$$

練　習　問　題　2

問題	ヒントと略解

問題

1. $A = \{1,2,3,4,5,6,7\}$

   $B = \{1,2,3,4\}$

   のとき，次の関係のグラフを方眼を用いて図示せよ．

   ただし $A \ni x$，$B \ni y$ とする．

   （1）x は y の倍数である．

   （2）x と y は互に素である．

   （3）$x - y$ は 3 の倍数である．

2. 整数の集合において，次の関係の逆関係を x, y を用いていえ．

   （1）x は y の約数である．

   （2）x は y の平方である．

   （3）x の絶対値は y である．

   （4）x は y 以上である．

   （5）$x - y$ は 3 の倍数である．

3. 前問の関係のうち，反射的なのはどれか．反対称的なのはどれか．推移的なのはどれか．

4. 集合 E が C_1, C_2, C_3, C_4 によって類別されているとき，E の 2 つの元 x, y が同じ類に属するとき，$x \mathrm{R} y$ で表わす．

   関係 R は同値関係であることを証明せよ．

5. 集合 $E = \{1, 2, 3, 6\}$ 上で，「x は y の約数である」という関係をハッセ図式で示せ．

6. 12 の正の約数の集合を E と

ヒントと略解

1. (1)
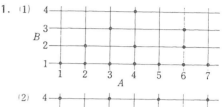

(2)
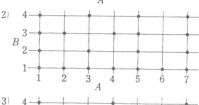

(3)
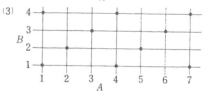

2. （1）y は x の倍数である．

   （2）y は x の平方根である．

   （3）y は x の絶対値である．

   （4）y は x 以下である．

   （5）$y - x$ は 3 の倍数である．

3. 反射的 （4），（5）　　反対称的 （3），（4）

   推移的 （1），（3），（4），（5）

4. 反射的，対称的であることはあきらか．推移的であることを示せばよい．

   $x \mathrm{R} y$，$y \mathrm{R} z$ とすると $x, y \in C_i$，$y, z \in C_j$

   ∴ $C_i \cap C_j \neq \phi$　ところが，類別だから

   $C_i \neq C_j \Rightarrow C_i \cap C_j = \phi$　この対偶は

   $C_i \cap C_j \neq \phi \Rightarrow C_i = C_j$　よって $C_i = C_j$

   だから $x, z \in C_i$　∴ $x \mathrm{R} z$

するとき，E 上で「x は y の約数である」という関係を考える．この関係をハッセ図式で示せ．

7. 3つの元から成る集合
$$E=\{a,b,c\}$$
に順序をつけて順序集合にしたい．順序のつけ方にはどんな場合があるか．それをすべてハッセ図式で示せ．ただし，元はすべて連結されているものとする．

8. 4つの元から成る集合に順序をつけて順序集合にする方法はいくとおりあるか．それをハッセ図式により，その型だけで示せ．ただし，元はすべて連結されているものとする．

9. 次の集合で，関係 $x|y$ を考え，x,y が $x|y$ をみたすとき，x より y は大きいということにする．

各集合で，最大元または最小元を求めよ．

（1）$A=\{2,4,6,12\}$

（2）$B=\{1,2,3,4\}$

（3）$C=\{2,3,4,6\}$

10. 集合 E 上の関係 R が反射的で推移的であるとき，R を擬順序という．

R が擬順序のとき
$$x\mathrm{R}y,\ y\mathrm{R}x \Leftrightarrow x\mathrm{S}y$$
と定めると，関係 S は同値関係になることを証明せよ．

5. **6.**

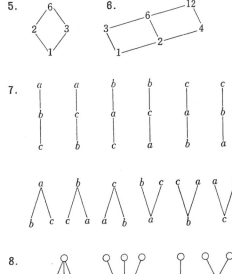

7.

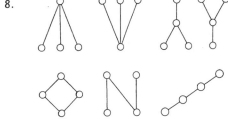

8.

9. （1）$\max A=12,\ \min A=2$

（2）$\max B$ はない，$\min B=1$

（3）$\max C$ も $\min C$ もない

10. 反射的の証明

R は反射的だから
$$x\mathrm{R}x,\ x\mathrm{R}x \quad\therefore\ x\mathrm{S}x$$
対称的の証明
$$x\mathrm{S}y \Rightarrow x\mathrm{R}y, y\mathrm{R}x \Rightarrow y\mathrm{R}x, x\mathrm{R}y \Rightarrow y\mathrm{S}x$$
推移的の証明
$$x\mathrm{S}y, y\mathrm{S}z \Rightarrow x\mathrm{R}y, y\mathrm{R}x\ ;\ y\mathrm{R}z, z\mathrm{R}y$$
$$\Rightarrow x\mathrm{R}y, y\mathrm{R}z\ ;\ z\mathrm{R}y, y\mathrm{R}x \Rightarrow x\mathrm{R}z, z\mathrm{R}x$$
$$\Rightarrow x\mathrm{S}z$$

11. 整数の 集合 **Z** 上で $x|y$（p.23 の定義）は擬順序である.

$$x|y, \ y|x \Leftrightarrow xSy$$

とすると，S はどんな関係か.

11. $y=nx, \ x=my$　　$\therefore \ y=nmy$

$y \neq 0$ のときは

$nm=1, \ n=m=1$ または $n=m=-1$

$\therefore \ x=\pm y$　$\therefore \ |x|=|y|$

$y=0$ のときは $x=y=0$　$\therefore \ |x|=|y|$

　よって xSy は $|x|=|y|$

第3章

写　像

§1　対応

　対応は，集合，関数などと並ぶ基本的概念であるために，定義がむずかしく，かりに説明を加えてみても，国語的解釈におちいる恐れがある．「甘い」という味を知るには，甘いものをいろいろなめてみるよりしようがない．対応についてもそれはいえそうである．いろいろの実例から，それらに共通な概念として抽象するのが回り道のようで，かえって近いかもしれない．（2つの集合A，Bの直積 $A \times B$ の部分集合 G があるとき，G の元を (x, y) とし，x に y は対応するという．こんな定義もあるが，入門の定義としては対応の実感が乏しいだろう．）

　たとえば，2つの集合
$$A = \{2, 3, 4, 5, 9\} \qquad B = \{1, 2, 3, 5, 6, 7, 8\}$$
において，A の元 x と B の元 y の間に
$$x \mathrm{R} y : x は y の約数である$$
という関係があったとする．

　　$x = 2$ として，$2 \mathrm{R} y$ をみたす y を求めると $y = 2, 6, 8$

　　$x = 3$ として，$3 \mathrm{R} y$ をみたす y を求めると $y = 3, 6$

以下同様にして

　　$x = 4$ のとき，$y = 8$

　　$x = 5$ のとき，$y = 5$

　　$x = 9$ のとき，y は求まらない．

　上の例で，A の元 2 には B の元 2, 6, 8 が対応する，A の元 4 には B の元 8 が対応するといい，次のような図示法が広く用いられている．

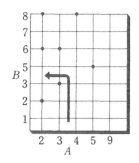 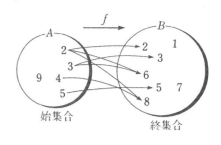

○対応

一般に，2つの集合 A, B があって，

  A の1つの元を a にすると，B の元 b_1, b_2, b_3 が定まる

とき，A の元 a に B の元 b_1, b_2, b_3 が**対応**するといい，b_1, b_2, b_3 を a に対応する**値**ともいう．

さらに，A, B におけるこの対応全体を，

A から B への対応

といい（A から B の中への対応ともいう．），A を**始集合**，B を**終集合**という．（始集合を始域，終集合を終域ともいう．）

応対は1つの文字 f で表わし

$$f : A \longrightarrow B \quad \text{または} \quad A \overset{f}{\longrightarrow} B$$

と略記する．

先の例で，対応を定めたのは関係であった．つまり関係のおかげで対応ができた．このように，多くの場合，対応は何物かのはたらきによって定まる．

はたらきのもっと身近かな例は，自動販売機であろう．

  30円をいれると，p駅行のキップが出る．

  40円をいれると，q駅行のキップが出る．

  50円をいれると，r駅行のキップが出る．

  ……………………………………

という場合，30円には p駅行のキップが対応するわけで，この対応は自動販売機のはたらきによる．

次の図のような斜面で球 $a, b, c, d, \cdots$ をころがしたとすると，球は下の7つの枠のどこかにはいる．

−1には球 a, d がはいり，

0には球 e, c がはいり，

1には球 b がはいり，

……………………………

となったとすると，

−1には a, d を， 0には e, c を，

1には b を，……

対応させることができる．

この対応は，ほとんど偶然に定まったものといえよう．

対応は，ときには，全く人為的に定めることもある．

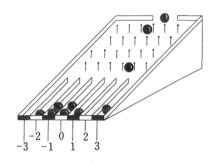

各球に，それがはいった枠の数字を対応させてもよい． $a \to -1$, $d \to -1$, $e \to 0$, $c \to 0$, $b \to 1$, ……, → はならばと混同するおそれがあるので，本によっては ↦ を用いる．

。定義域と値域

A から B への対応 f において，A の元に対応する B の元全体の集合を値域という．

また A の元のうち，対応する B の元をもつもの全体の集合を定義域という．

はじめの約数の例でみると

定義域は $D = \{2, 3, 4, 5\}$

値域は $V = \{2, 3, 5, 6, 8\}$

である．

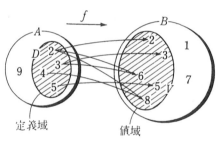

定義域　　　　　値域

また $\boldsymbol{R} \ni x, y$ のとき，x に対して不等式

$$(x-3)^2 + (y-2)^2 \leqq 1$$

をみたす y を対応させると

定義域は $D = [2, 4]$

値域は $V = [1, 3]$

である．

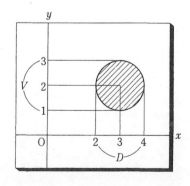

。像

A から B への対応 f があるとき，A の部分集合の1つを M とすると，M の

すべての元に対応する値の集合Nが定まる．このNをMの**像**といい$f(N)$で表わす．（ここの像は集合であることに，とくに注意すること．）

先の約数の例でみると

$$f(\{3,4\})=\{3,6,8\}$$

である．また $f(\{3\})=\{3,6\}$ であるが，元が1つの集合 $\{3\}$ はふつう3とかき，

$$f(3)=\{3,6\}$$

$f(3)$も集合だから $f(3)=3$, $f(3)=6$ などとかかないこと．$f(3)\ni3$, $f(3)\ni6$ が正しい．

また，A の部分集合 $\{4,9\}$ では，4に対応する値は8であるが，9に対応する値はないから，$f(\{4,9\})=\{8\}$, $\{8\}$ は8とかいて

$$f(\{4,9\})=8$$

一般に A の部分集合を M とするとき，M の元のうち定義域Dに属するものにのみ対応する値があるのだから

（1）　　　$f(M)=f(M\cap D)$

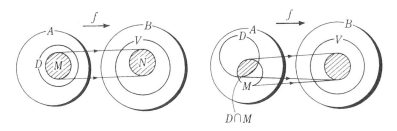

xに対応する値の1つがyであることは，yがxの像$f(x)$に属することと同じだから

$$y は x に対応する値 \iff f(x)\ni y$$

。**対応のグラフ**

A から B への対応fにおいて，A の元xに対応する値の1つをyとするとき，順序対 (x,y) 全体の集合をfの**グラフ**という．

このグラフは，あきらかに直積 $A\times B$ の部分集合である．

先の約数の例でみると

$$f のグラフ=\{\{2,2\},\ \{2,6\},\ \{2,8\},\ \{3,3\},\ \{3,6\},\ \{4,8\},\ \{5,5\}\}$$

○対応の相等

　A から B への対応 f があるとき，A の元 x に対応する値を y とすると

（2）　　　　$f(x) \ni y$

　これは A から B への１つの関係を与える．したがって対応の相等は，この関係の相等でみればよい．

　すなわち，A から B への２つの対応を f, g としたとき，すべての x, y について

（3）　　　　$f(x) \ni y \Leftrightarrow g(x) \ni y$

が成り立つならば，f と g は**等しい**といい

　　　　　　$f = g$

で表わすのである．

　２つの対応が等しいことは，それらのグラフが等しいことと同値である．

§2　対応の演算

　対応については，２項演算として合成，１項演算として逆対応を考えることができる．（演算の一般的定義については ☞ p.67）

○対応の合成

　３つの集合 A, B, C があって

　　　　　A から B への対応 f，B から C への対応 g

が与えられているとする．

　f によって A の元 x に対応する B の元の１つを y とする．そのとき g によって y に対応する C の元 z が存在するならば，A の元 x に C の元 z が対応する．したがって A から C への対応ができる．この対応を f, g を**合成**した対応といい

　　　　$g \circ f$

で表わす．

　具体例でみれば，いたってやさしい．

　右の図で，矢

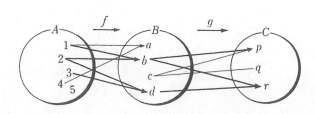

線をたどって，Aの
元からCの元にたど
りつくもの（太線の
もの）をひろい出せ
ば，AからCへの対
応がきまって，それ

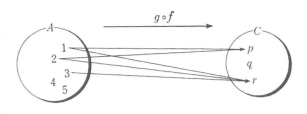

が$g\circ f$なのである．（たとえば $3\in A$ と $q\in C$ では， 3からqへたどる矢線
がないから， qは3に対応する値にならない．$1\in A$, $r\in C$ では， 1から b
へ， bからrへと 矢線を たどってゆける． このことは 式でかくと $f(1)\ni b$,
$g(b)\ni r$ ∴ $(g\circ f)(1)\ni r$ ということ）

　要するにA,B,Cの元をそれぞれ x,y,z としたとき

$$f(x)\ni y \quad かつ \quad g(y)\ni z$$

をみたす y が存在するとき，zをxに対応する値とみるのが $g\circ f$ であるから

（4）　　$\left.\begin{array}{l} f(x)\ni y,\ g(y)\ni z \\ \text{をみたす}B\text{の元}y\text{が存在} \end{array}\right\} \Longleftrightarrow g\circ f(x)\ni z$

○合成に関する法則

　対応の合成に関して可換法則,結合法則が成り立つだろうか．

　2つの対応

$$A \xrightarrow{f} B, \quad C \xrightarrow{g} D$$

があるとき，f,gの合成$g\circ f$が定まるためには，上の定義からわかるように，
とにかくBとCに共通要素がなければならない． またg,fの合成$f\circ g$が定ま
るためには， AとDに共通要素がなければならない． BとCに共通要素があ
っても， AとDに共通要素があるとは限らないから， $g\circ f$ が定まっても$f\circ g$
は定まるとは限らない．

　したがって，対応の集合は，対応の合成に関して，一般には可換律が成り立
たない．特殊な対応の集合では可換律の成り立つことがある．（可換律が成り
立つかどうかということは， 対応の集合Eを固定し， Eに属する対応の 合成
だけについて 考える． Eに属する任意の2つの対応 f,g について $g\circ f=f\circ g$
ならばEは合成について可換律をみたすというのである．）

　次に結合律はどうか．結論を先にいえば，結合律は，どんな対応の集合であ
っても，合成$g\circ f$，さらに$h\circ(g\circ f)$が定まるならば，合成$h\circ g$ および $(h\circ g)\circ f$

が定まって，等式

（5）　　　　$h \circ (g \circ f) = (h \circ g) \circ f$

が成り立つのである．

　この事実は，あとで，写像のとき重要であるから，一度ははっきりさせておくのがよい．

　3つの対応を

$$f : A \to B \qquad g : B \to C \qquad h : C \to D$$

とおき，A, B, C, D の元をそれぞれ x, y, z, u とする．

　次のことを証明すればよい．

$$h \circ (g \circ f)(x) \ni u \iff (h \circ g) \circ f(x) \ni u \qquad \text{①}$$

合成の定義をフルに用いる．

$$h \circ (g \circ f)(x) \ni u \iff \begin{cases} g \circ f(x) \ni y, \ h(y) \ni u \\ \text{をみたす } y \text{ が存在する．} \end{cases}$$

一方

$$g \circ f(x) \ni y \iff \begin{cases} f(x) \ni z, \ g(z) \ni y \\ \text{をみたす } z \text{ が存在する．} \end{cases}$$

$$\therefore \ h \circ (g \circ f)(x) \ni u \iff \begin{cases} f(x) \ni z, \ g(z) \ni y, \ h(z) \ni y \\ \text{なる } y, z \text{ が存在する．} \end{cases} \qquad \text{②}$$

　まったく同様にして，$(h \circ g) \circ f(x) \ni u$ は②の右辺と同値になるから，①が成り立つのである．

○逆対応

　逆対応は，対応図でみると，矢線の向きを反対にした対応である．しかし，このような直観的定義では対応図のないときに役に立たない．つねに役に立つようにするには，定式化を試みればよい．

　A から B への対応 f があるとしよう．

　B の元 y に，y を対応する値にもつような A の元 x を対応させると，

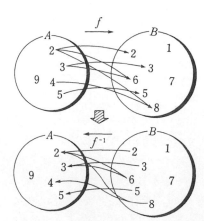

B から A への対応 g が定まる. この g を f の**逆対応**といい, f^{-1} で表わす. すなわち任意の x,y について

$$f(x) \ni y \iff g(y) \ni x$$

が成り立てば, $g = f^{-1}$ である. (f^{-1} のグラフは, f のグラフに属する点 (x,y) の x と y をいれかえた (y,x) の集合であって, $B \times A$ の部分集合である.) したがって, f の逆対応は, 次の式によって定義される.

(6) $\qquad f(x) \ni y \iff f^{-1}(y) \ni x$

○ 逆対応の演算

上の逆対応の定義からわかるように

$$g = f^{-1} \quad \text{ならば} \quad f = g^{-1}$$

したがって

(7) $\qquad (f^{-1})^{-1} = f$

2つの対応 f,g があって, その合成 $g \circ f$ が定まるときは, 次の等式も成り立つ.

(8) $\qquad (g \circ f)^{-1} = f^{-1} \circ g^{-1}$

これを証明するには

$$(g \circ f)^{-1}(z) \ni x \iff f^{-1} \circ g^{-1}(z) \ni x$$

を示せばよい.

$$(g \circ f)^{-1}(z) \ni x$$
$$\Updownarrow$$
$$(g \circ f)(x) \ni z$$
$$\Updownarrow$$
$$f(x) \ni y, \ g(y) \ni z \ \text{をみたす} \ y \ \text{が存在する.}$$
$$\Updownarrow$$
$$f^{-1}(y) \ni x, \ g^{-1}(z) \ni y \ \text{をみたす} \ y \ \text{が存在する.}$$
$$\Updownarrow$$
$$g^{-1}(z) \ni y, \ f^{-1}(y) \ni x \ \text{をみたす} \ y \ \text{が存在する.}$$
$$\Updownarrow$$
$$(f^{-1} \circ g^{-1})(z) \ni x$$

これで証明が済んだ.

○ 逆像

A から B への対応 f があるとき, f^{-1} による B の部分集合 N の像が M' のとき, M' を f による N の**逆像**ともいう.

$$f(M)=N \iff N \text{ は } M \text{ の像}$$
$$f^{-1}(N)=M' \iff M' \text{ は } N \text{の逆像}$$

つまり，fによる逆像とは，逆対応f^{-1}による像のことである．

Mの像がNであっても，Nの逆像がMになるとは限らない．

たとえば，下の対応をみると

$M=\{2,3\}$ の像は $N=\{2,3,6,8\}$

であるが，Nの逆像はMではなく，Mよりも大きい

$M'=\{2,3,4\}$

である．

一般にMが定義域に含まれるとき

$f(M)=N \implies M \subset f^{-1}(N)$ ①

が成り立つ.*

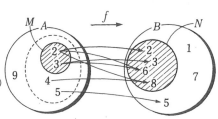

これは定義から自明に近い．Mは定義域に属し，Mの元に対応する値の集合がNなのだから，Mの元はすべて，Nの元を対応する値にもつ．一方Nの元を対応する値にもつ元の全体の集合が$f^{-1}(N)$なのだから，Mの元は$f^{-1}(N)$に属し，したがって $M \subset f^{-1}(N)$ となる．

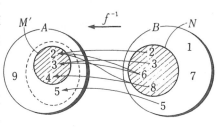

①の法則は，次のようにまとめることもできる．

（9） Mがfの定義域に含まれるならば $M \subset f^{-1}(f(M))$

まったく同様にして

（10） Nがfの値域に含まれるならば $N \subset f(f^{-1}(N))$

上の2つの性質は，次の図によって，視覚的に理解しておくと，誤用を防げよう．（Mがfの定義域に含まれないときは，定義域外の元は$f^{-1}(f(M))$に属さないので，定理は成り立たない．Nについても同様．）

---

* よくある誤りは

$f(M)=N$

$\therefore M=f^{-1}(N)$

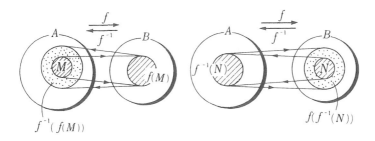

$$f^{-1}(f(M)) \qquad f(f^{-1}(N))$$

§3　写像

○一意対応

A から B への対応 f があって，定義域内の任意の元 x に対応する値がただ1つのとき，すなわち x の像 $f(x)$ が1つの元からなる集合のとき，f を**一意対応**という．（A の任意の元を x とすれば $f(x)$ は ϕ かまたは元が1つの集合である．一意でない対応は多意であるという．）

たとえば，

$A=\{2,3,4,5,9\}$ から $B=\{1,2,3,5,6,7,8\}$ への対応で A の元に，その最大の倍数を対応させると，A の元 $2,3,4,5$ には B の元 $8,6,8,5$ がそれぞれ1つずつ対応する．

したがって，この対応は一意対応である．

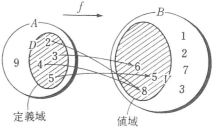

しかし，この逆対応をみると $5,6$ にはそれぞれ $5,3$ が1つずつ対応するが，8 には $2,4$ が対応するから一意でない．

○写像

一意対応のうちで，とくに定義域が始集合と一致するものを**写像**または**関数**という．（関数と写像とを使い分けることもあるが，それは主として歴史的事情によるものであって，数学的に区別することは困難であろう．）

$$\text{写像} \iff \text{対応} \begin{cases} \text{一意} \\ \text{定義域＝始集合} \end{cases}$$

たとえば $A = \{2,3,4,5,9\}$ から $B = \{2,3,5,6,7,8\}$ への対応で，A の元に
その最小の約数を対応させると A の
すべての元に，B の元が1つずつ対応
するから，上の定義によって，この対
応は写像である．（多意対応を写像と
いうこともあるが，本書では，この定
義をとらない．）

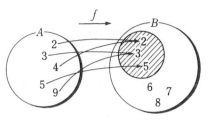

A から B への写像 f は，対応の一種だから，対応と同様に

$$f : A \to B \quad \text{または} \quad A \xrightarrow{f} B$$

で表わす．なお，A の元 x に対応する B の元を y とすると $f(x) = \{y\}$ で，
これは $f(x) = y$ と表わすのだから，この写像は

$$x \to f(x) \quad (x \in A, \ f(x) \in B)$$

または

$$y = f(x) \quad (x \in A, \ y \in B)$$

などと表わすことができる．（関数 $y = f(x)$ で，x を独立変数，y を従属変数
という．）

例1 整数全体の集合を $\mathbf{Z}$ とし，任意の整数 n に，それを3で割ったとき
の商を対応させると，$\mathbf{Z}$ から $\mathbf{Z}$ への写像がえられる．

この写像を f とすると

$$f(n) = \left[\frac{n}{3}\right]$$

例2 自然数の集合を $\mathbf{N}$ とし，任意の自然数に，その正の約数の個数を対
応させると，$\mathbf{N}$ から $\mathbf{N}$ への写像がえられる．

この写像を f とすると

$$f(1) = 1, \ f(2) = 2, \ f(3) = 2, \ f(4) = 3, \ f(5) = 2$$
$$f(6) = 4, \ f(7) = 2, \ f(8) = 4, \ f(9) = 3, \ f(10) = 4,$$

$$\cdots\cdots\cdots\cdots\cdots\cdots\cdots\cdots\cdots\cdots\cdots\cdots$$

一般に n を素因数分解した式を $n = p^a q^b r^c \cdots\cdots$ とすると

$$f(n) = (a+1)(b+1)(c+1)\cdots\cdots$$

○写像の相等

A から B への写像が2つあるとき，それが等しい条件はどうなるか．2つ

の写像を f, g としよう.

　A の元 x に対応する B の元を y とすると, $f=g$ の条件は

　　　　すべての (x, y) について $[y=f(x) \Longleftrightarrow y=g(x)]$

これはさらに,

　(11) すべての x について $[f(x) \Longleftrightarrow g(x)]$

と簡略化できる.（f, g が対応の場合には, $f=g$ の条件は $y \in f(x) \Leftrightarrow y \in g(x)$ であった. $\in$ を $=$ にかえれば写像の相等になる.）

○定値写像

　A から B への写像 f で, A のすべての元に B のある1つの元が対応するとき, f を**定値写像** という.

　　　　$f(x)=y_0$ 　（y_0 は一定）

　この写像は余りにも簡単すぎ, 特殊すぎるので, かえって理解しにくい.

○恒等写像

　1つの集合 A があるとき, A の元にその元

自身を対応させると, この対応は A から A への1つの写像である.

　この写像を集合 A の**恒等写像**といい, 1_A で表わす. （A の恒等写像を I_A, e_A などで表わすこともある.）

　恒等写像は, 集合 A に依存するから A をつけるのである.

　たとえば $A=\{0,1\}$ の恒等写像と, $B=\{a, b, c\}$ の恒等写像では, その対応の内容は, 次のようにまったく異なる.

　　　　$1_A : A \to A$ 　　　　$1_B : B \to B$

　　　　　　$0 \to 0$ 　　　　　　　$a \to a$

　　　　　　$1 \to 1$ 　　　　　　　$b \to b$

　　　　　　　　　　　　　　　　　$c \to c$

　しかし, 1つの集合 A について, A から A への写像の集合のみを考える場合には, 恒等写像は 1_A 以外に現われないから, A を略して1で表わしてもよい.

　A の任意の元を x とすると, A の恒等写像 f は

　　　　$f(x)=x$

で表わされる.

○式と写像

　式があれば，その式によって対応を定めることができるから，集合を適当に定めることによって，写像が作られる．

例1　式 $\dfrac{2x+5}{x-3}$ があれば，x に $\dfrac{2x+5}{x-3}$ を対応させることができる．

　そこで，実数全体の集合 R を終集合にとり，R から3を除いた集合 $R-\{3\}$ を定義域にとれば，1つの写像がえられる．

$$f:\ R-\{3\}\ \to\ R$$

　これは式を用いて

$$f(x)=\frac{2x+5}{x-3}\qquad (x\in R-\{3\})\qquad\qquad ①*$$

　x は複素数でもよい場合には，複素数全体の集合を C とすると，写像

$$f:\ C-\{3\}\ \to\ C$$

がえられる．略記すれば

$$f(x)=\frac{2x+5}{x-3}\qquad (x\in C-\{3\})\qquad\qquad ②**$$

　例2　式 $\sqrt{1-x^2}$ では，x に $\sqrt{1-x^2}$ を対応させればよい．定義域は実数の範囲で考える場合は，区間 $[-1,1]$ をとり，終集合は R をとることによって，1つの写像

$$f(x)=\sqrt{1-x^2}\qquad (x\in[-1,1])\qquad\qquad ③$$

がえられる．

○方程式と写像

　方程式があるときは，それを用いて一意対応を適当に作れば，写像がえられる．

　例1　方程式 $x^2+y^2=1$ があるとき，実数 x に，$x^2+y^2=1$ をみたす y を対応させると，R から R への対応 f がえられる．しかしこの対応 f は一意ではない．

　たとえば $x=1$ に対応する y の値は0だけであるが，$x=0$ に対応する y の値は1と -1 の2つになる．

　一般には x に対応する y の値は $\sqrt{1-x^2}$ と $-\sqrt{1-x^2}$ の2つである．

---

*　①のような，R の部分集合から R への写像を実関数または実変数の関数という．

**　②のような，C の部分集合から C への写像を複素関数または複素変数の関数などという．

そこで，定義域を $[-1, 1]$ にとり，対応を2つに分解することによって，2つの写像

$$f_1(x) = \sqrt{1-x^2} \qquad (x \in [-1, 1])$$
$$f_2(x) = -\sqrt{1-x^2} \qquad (x \in [-1, 1])$$

を作ることができる．

§4 写像の演算

写像は対応の1つだから，対応の演算のところで説明したことがそのまま用いられるから，逆対応を考えることができる．

写像 f の逆対応 f^{-1} は，一般には写像ではない．f^{-1} が写像になるための条件はなにか．

その準備として，写像の単射と全射をあきらかにする．

○単射

右の図の写像

$$f : A \to B$$

では，A の異なる元に対応する B の元もまた異なる．

すなわち A の2つの元を x_1, x_2 とすると

(12)　$x_1 \neq x_2 \iff f(x_1) \neq f(x_2)$

このとき，写像 f は**単射**であるという．

上の単射の条件は，その対偶をとって

(13)　$f(x_1) = f(x_2) \iff x_1 = x_2$

で示すこともできる．

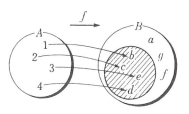

単射のときは，対応図でみると，値域の元に入り込む矢線はつねに1つである．
単射の写像を1対1写像ともいう．

(14)　写像 f が単射 $\iff f^{-1}$ は一意対応

これを証明するには，値域に属する任意の元を y としたとき，y の原像 $f^{-1}(y)$ が，1つの元からなる集合であることをあきらかにすればよい．

$f^{-1}(y)$ が2つ以上の元をもつとし，そのうちの2つを x_1, x_2 $(x_1 \neq x_2)$ とすると

$$x_1, x_2 \in f^{-1}(y)$$

から

$$f(x_1)=y, \quad f(x_2)=y$$
$$\therefore \ f(x_1)=f(x_2)$$
$$\therefore \ x_1 \neq x_2 \ \text{かつ} \ f(x_1)=f(x_2)$$

これはfが単射であるための条件(12)に矛盾する．

よって$f^{-1}(y)$は1つの元からなる集合である．

逆の証明は略す．

○ **全射**

次の図の写像はどれも，値域が終集合と一致している．このような写像は**全射**であるという．（写像$f:A \to B$が全射であることをfはAからB**の上への**（onto B）写像ということがある．このときは，一般の写像をAからB**の中へ**（into B）写像という．）

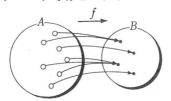 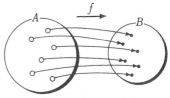

写像fが全射ならば，その逆対応f^{-1}は定義域が始集合に一致することはあきらかである．

○ **逆写像**

写像fの逆対応f^{-1}がまた写像のとき，f^{-1}をfの**逆写像**という．

上の右の図では，fは全射でかつ単射であって，f^{-1}は写像をなすから，fの逆写像である．このことは一般にいえることである．

(15)　fが写像のとき

f^{-1}が写像 $\Longleftrightarrow$ fは全射でかつ単射

証明するまでもないだろう．

写像fが全射かつ単射ならば，逆写像f^{-1}も全射かつ単射である．（全射でかつ単射であることを略して**全単射**ともいう．）

例1　$\boldsymbol{R}$から$\boldsymbol{R}$への写像 $f(x)=3x+2$ の逆写像を求めよ．

$$f(x)=y \ \text{とおくと} \ 3x+2=y \ \therefore \ x=\frac{y-2}{3}$$
$$\therefore \ f^{-1}(y)=\frac{y-2}{3} \qquad \therefore \ f^{-1}(x)=\frac{x-2}{3}$$

例2 **R** から **R** の写像 $f(x)=x^2$ の逆対応は $f^{-1}(x)=\pm\sqrt{x}$ であって，写像ではない.

しかし，**R**$^+$ から **R**$^+$ への写像 $f_1(x)=x^2$ の逆対応は $f_1^{-1}(x)=\sqrt{x}$ で，写像になる．（**R**$^+$ は正の実数全体の集合）

また，**R**$^-$ から **R**$^+$ への写像 $f_2(x)=x^2$ の逆対応は $f_2^{-1}(x)=-\sqrt{x}$ で，これも写像になる．（**R**$^-$ は負の実数全体の集合）

。写像の合成

写像は対応の一種だから，対応の合成について成り立ったことは，写像でもそのまま成り立つのは当然である.

ただし，x,y の関係は，一般の対応では $y\in f(x)$ であったが写像では $y=f(x)$ でよい．それから逆対応 f^{-1} は写像とは限らないから x,y の関係は $x\in f^{-1}(y)$ で示さねばならない．逆対応が写像になることがわかったとき，はじめて $x\in f^{-1}(y)$ は $x=f^{-1}(y)$ にかえられる.

2つの写像

$$f:A\to B \qquad g:B\to C$$

の合成は，対応のときと同様に $g\circ f$ で表わす.

これを変数を用いて表わせばどうなるだろうか.

f によって，A の元 x に対応する B の元を y とすると

$$f(x)=y \qquad ①$$

g によって，B の元 y に対応する C の元を z とすると

$$g(y)=z \qquad ②$$

このとき，A の元 x に C の元 z を対応させる写像が $g\circ f$ だから

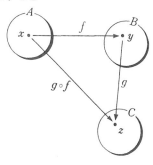

$$(g\circ f)(x)=z \qquad ③$$

一方 ①,② から y を消去することによって

$$g(f(x))=z \qquad ④$$

③,④ から，A のすべての元 x について成り立つ等式

(16) $\qquad (g\circ f)(x)=g(f(x))$

がえられる．これ要するに記号 $g\circ f$ の約束を式で示したに過ぎない.

例1 **R** から **R** への写像 $f(x)=2x$，$g(x)=x+3$ において，$g\circ f$ と $f\circ g$

を求めよ.

2つの解き方が考えられよう. f は2倍することで, g は3をたすことというように作用としてみれば, ただちに $g \circ f$ は2倍して3をたすことと理解できるから

$$(g \circ f)(x) = 2x + 3$$

また $f \circ g$ は3をたして2倍することだから

$$(f \circ g)(x) = 2(x+3) = 2x + 6$$

式を用いる場合は

$$(g \circ f)(x) = g(f(x)) = f(x) + 3 = 2x + 3$$
$$(f \circ g)x = f(g(x)) = 2g(x) = 2(x+3)$$
$$= 2x + 6$$

。 **合成の法則**

写像の集合では, 写像の合成について可換律が成り立つとは限らない.

。 上の例でみると $g \circ f : x \to 2x+3$, $f \circ g : x \to 2x+6$ だから $g \circ f \neq f \circ g$

しかし写像の集合で, $h \circ (g \circ f)$ が定まるならば, 結合律

$$h \circ (g \circ f) = (h \circ g) \circ f$$

はつねに成り立つ.

したがって, ( ) をとくに必要としないときは, 上の式の左辺も, ( ) を略し, $h \circ g \circ f$ と表わしてよい.

なお写像 $f : A \to B$ が全射かつ単射のときは, つねに

(17) $\qquad f^{-1} \circ f = 1_A \qquad f \circ f^{-1} = 1_B$

(18) $\qquad f \circ 1_A = f \qquad 1_B \circ f = f$

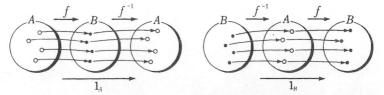

したがって $f : A \to A$ が全射かつ単射のときは

(19) $\qquad f^{-1} \circ f = f \circ f^{-1} = 1_A \qquad 1_A \circ f = f \circ 1_A = f$

なお，対応のときと同様に

(20)　　　　　$(f^{-1})^{-1}=f$

(21)　　　　　$(g{\circ}f)^{-1}=f^{-1}{\circ}g^{-1}$

これを，次のように図解したものを，**写像図式**という．

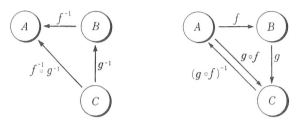

　例1　$\boldsymbol{R}^+$ から $\boldsymbol{R}^+$ への写像　$f(x)=x^2,\ g(x)=x-3$

$(g{\circ}f)^{-1}=f^{-1}{\circ}g^{-1}$ を確めてみよう．（$\boldsymbol{R}^+$ は正の実数全体の集合を表わす．）

　　　　$(g{\circ}f)(x)=g(f(x))=f(x)-3=x^2-3$

次に $y=x^2-3$ から $x=\sqrt{y+3}$　$\therefore\ (g{\circ}f)^{-1}(x)=\sqrt{x+3}$　　　　①

一方　$f^{-1}(x)=\sqrt{x}$,　　$g^{-1}(x)=x+3$

　　$\therefore\ (f^{-1}{\circ}g^{-1})(x)=f^{-1}(g^{-1}(x))=\sqrt{g^{-1}(x)}=\sqrt{x+3}$　　　　②

よって①と②から，

　　　　$(g{\circ}f)^{-1}=f^{-1}{\circ}g^{-1}$

。f：平方，g：3をひく，このように写像を作用とみると合成写像と逆写像は簡単に作られる．

　f^{-1}：平方に開く，g^{-1}：3をたす，$g{\circ}f$：平方して3をひく，$f^{-1}{\circ}g^{-1}$：3をたして平方に開く．

。**1対1の対応**

　2つの集合 A,B において，A から B への全射で単射の写像が存在すると
き，A と B の間には**1対1の対応**がつくという．

　1対1の対応は2つの集合の関係であるから，これを $A{\sim}B$ で表わしてみ
ると，$\sim$ は同値律をみたすことがたやすくわかる．

　　　$A{\sim}A$

　　　$A{\sim}B$　ならば　$B{\sim}A$

　　　$A{\sim}B,\ B{\sim}C$　ならば　$A{\sim}C$

したがって，1対1の対応は同値関係である．

　例1　集合 E があるとき，その部分集合 A に補集合 A^c を対応させると，
巾集合 $\boldsymbol{P}(E)$ から $\boldsymbol{P}(E)$ への写像がえられ，全射で単射だから，$\boldsymbol{P}(E)$ とそ

れ自身との間に1対1の対応がつく.

右は $E=\{a,b,c\}$ の場合の対応を示したもので
ある.

例2　R から R^+ への写像

$$f(x)=2^x$$

は全射でかつ単射であるから, これによって R と
R^{+1} の間に1対1の対応がつく.

この逆写像は

$$f^{-1}(y)=\log_2 y$$

で, これも全射でかつ単射である.

例3　R^+ から R への写像

$$f(x)=\frac{1}{2}\left(x-\frac{1}{x}\right)$$

は全射でかつ単射であるから, これによって
R^+ と R の間に1対1の対応がつく.

この逆写像を求めてみる.

$$y=\frac{1}{2}\left(x-\frac{1}{x}\right) \text{ から } x^2-2yx-1=0$$

$$\therefore\ x=y\pm\sqrt{y^2+1}$$

$x>0$ だから　　　$x=y+\sqrt{y^2+1}$

よって　　　$f^{-1}(y)=y+\sqrt{y^2+1}$

これも, 全射でかつ単射である.

$P(E)\ \rightarrow\ P(E)$

$\phi\ \rightarrow\ E$

$\{a\}\ \rightarrow\ \{b,c\}$

$\{b\}\ \rightarrow\ \{a,c\}$

$\{c\}\ \rightarrow\ \{a,b\}$

$\{a,b\}\ \rightarrow\ \{c\}$

$\{a,c\}\ \rightarrow\ \{b\}$

$\{b,c\}\ \rightarrow\ \{a\}$

$E\ \rightarrow\ \phi$

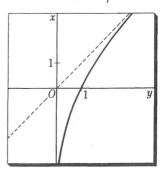

練　習　問　題　3

問題	ヒントと略解

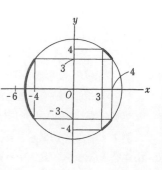

問題

1. $R\ni x,y$ のとき, x に対して
$x^2+y^2=25$ をみたす y を対応
させる. このとき

(1) 定義域を求めよ.

(2) 値域を求めよ.

(3) $[3,4]$ の像を求めよ.

ヒントと略解

1. (1) $[-5,5]$

(2) $[-5,5]$

(3) $[-4,-3]$

$\cup\,[3,4]$

(4) $[-3,3]$

2. (1) $f(M)\ni y$

（4）$[-6,-4]$ の像を求めよ.

2. A から B への対応 f がある
とき，次のことは正しいか.

（1）M, M' が A の部分集合の
とき
$$M \subset M' \Rightarrow f(M) \subset f(M')$$

（2）N, N' が B の部分集合のと
き
$$N \subset N' \Rightarrow f^{-1}(N) \subset f(N')$$

3. $\boldsymbol{R}$ から $\boldsymbol{R}$ への写像
$$f(x) = 3x + 2, \quad g(x) = 5x - 10$$
において，次の写像を求めよ.

（1）$f^{-1}(x), \ g^{-1}(x)$

（2）$(g \circ f)(x), \ (f \circ g)(x)$

（3）$(g \circ f)^{-1}(x)$

4. $\boldsymbol{R}$ から $\boldsymbol{R}$ への対応
$$f(x) = \frac{5x - 4}{x - 2} \ \text{がある.}$$

（1）$f^{-1}(x)$ を求めよ.

（2）f と f^{-1} とがともに写像に
なるようにするには $\boldsymbol{R}$ をどの
ように縮小すればよいか.

5. $A = \{1, 2, 3, \cdots, 15\}$ のとき A
の元 n に，その約数の個数を
対応させた，A から $\boldsymbol{N}$ への写
像がある.

（1）値域 V を求めよ.

（2）V のすべての元の逆像を求
め，V の類別になることをあ
きらかにせよ.

（3）V の任意の元 m に，集合
$f^{-1}(m)$ を対応させると，ど
んな写像がえられるか.

ならば，$y \in f(x)$ となる M の元 x が存在する.
$$M \subset M' \text{ から } x \in M' \quad \therefore \ f(x) \subset f(M')$$
$$\therefore \ y \in f(M') \quad \therefore \ f(M) \subset f(M')$$

（2）上の証明の M, M', f を N, N', f^{-1} で置きか
えればよい.

3.（1）$y = 3x + 2$ から $x = \dfrac{y}{3} - \dfrac{2}{3}$
$$\therefore \ f^{-1}(x) = \frac{x}{3} - \frac{2}{3}$$
$y = 5x - 10$ から $x = \dfrac{y}{5} + 2$
$$\therefore \ g^{-1}(x) = \frac{x}{5} + 2$$

（2）$(g \circ f)(x) = g(f(x)) = 5 \cdot f(x) - 10$
$$= 5(3x + 2) - 10 = 15x$$
$(f \circ g)(x) = f(g(x)) = 3g(x) + 2$
$$= 3(5x - 10) + 2 = 15x - 28$$

（3）$y = 15x$ から $x = \dfrac{y}{15}$
$$\therefore \ (g \circ f)^{-1}(x) = \frac{x}{15}$$

4.（1）$y = \dfrac{5x - 4}{x - 2}$ とおいて x について解けば
$$x = \frac{2y - 4}{y - 5}$$
$$\therefore \ f^{-1}(x) = \frac{2x - 4}{x - 5}$$

（2）$\boldsymbol{R}$ から $\{2, 5\}$ を除けばよい.

5.（1）$f(1) = 1, \ f(2) = 2, \ f(3) = 2, \ f(4) = 3,$
$f(5) = 2, \ f(6) = 4, \ f(7) = 2, \ f(8) = 4,$
$f(9) = 3, \ f(10) = 4, \ f(11) = 2, \ f(12) = 6,$
$f(13) = 2, \ f(14) = 4, \ f(15) = 4$
$V = \{1, 2, 3, 4, 6\}$

（2）$f^{-1}(1) = \{1\}, \ f^{-1}(2) = \{2, 3, 5, 7, 11, 13\}$
$f^{-1}(3) = \{4, 9\}, \ f^{-1}(4) = \{6, 8, 10, 14, 15\}$
$f^{-1}(6) = \{12\}$. どの異なる 2 つも共通元がな
く，全体の合併が A に等しい.

（3）全射でかつ単射の写像である.

6. A から B への写像 f があるとき，B の異なる 2 つの元を y_1, y_2 とすると y_1 と y_2 の原像には，共通元がないことを証明せよ．

7. A から B への写像 f があるとき，A の 2 つの元 x, y について，次の関係を定める．
$$x \mathrm{R} y \Leftrightarrow f(x) = f(y)$$
関係 R はどんな関係か．

8. R に ∞ を追加した集合を R' とする．
$$f(x) = \frac{ax+b}{cx+d} \ (ad-bc \neq 0)$$
において，$f\left(-\dfrac{d}{c}\right) = \infty$,

$f(\infty) = \dfrac{a}{c}$ と定めると，R' から R' への対応 f は，全射でかつ単射の写像であることをあきらかにせよ．

9. A から B への写像 f があるとき，A の部分集合を A_1, A_2 とする．次のことを証明せよ．
 （1）$f(A_1 \cap A_2)$
      $\subset f(A_1) \cap f(A_2)$
 （2）$f(A_1 \cup A_2)$
      $= f(A_1) \cup f(A_2)$

6. y_1, y_2 のどちらかが値域外にあれば，その元の原像は ϕ だから，あきらか．y_1, y_2 がともに値域内にあるときは，$f^{-1}(y_1)$，$f^{-1}(y_2)$ はともに ϕ ではない．いま共通な元 x があったとすると $f^{-1}(y_1) \ni x$ から $y_1 = f(x)$，同様にして $y_2 = f(x)$
$\therefore y_1 = y_2$，これは $y_1 \neq y_2$ に矛盾する．

7. 同値律をみたすから同値関係である．

8. f が写像であることはあきらか．
 $x_1, x_2 \in R$ のとき
$$f(x_1) - f(x_2) = \frac{(ad-bc)(x_1-x_2)}{(cx_1+d)(cx_2+d)}$$
$$\therefore x_1 \neq x_2 \Rightarrow f(x_1) \neq f(x_2) \qquad \text{①}$$
x_1, x_2 に $-\dfrac{d}{c}$ または ∞ があるときにも ① が成り立つことを示せば単射の証明になる．
　全射を示すには，R' の任意の元 y に対応する R' の元があることをあきらかにすればよい．

9.（1）$A_1 \cap A_2 \subset A_1$, $A_1 \cap A_2 \subset A_2$ から
　　$f(A_1 \cap A_2) \subset f(A_1)$, $f(A_1 \cap A_2) \subset f(A_2)$
 （2）$A_1 \cup A_2 \supset A_1$, $A_1 \cup A_2 \supset A_2$ から $\supset$ を証明する．
　　$\subset$ の証明
　　$y \in f(A_1 \cup A_2)$ とすると，$f(x) = y$ かつ $x \in A_1 \cup A_2$ をみたす x が存在する．$x \in A_1$ or $x \in A_2$ から
　　$f(x) \in f(A_1)$ or $f(x) \in f(A_2)$
　　$\therefore f(x) \in f(A_1) \cup f(A_2)$
　　$\therefore y \in f(A_1) \cup f(A_2)$

第4章

代数系-演算1つ

　この章の主眼は，演算の定義されている集合について学ぶことにある．演算をもった集合のうち，ある種の条件をみたすもの，すなわち，構造をもったものが代数系である．この章では代数系のうち，1つの演算をもったものについて考える．

　　◦ 1つの演算をもった代数系には，半群と群の概念がある．
　　◦ 2つの演算をもった代数系には，環,体,ベクトル空間,束 などがある．

§1　演算

　最初に，予備知識として，演算の意味をあきらかにしよう．

◦ 演算

　演算とはなにか．万事他力本願では救われない．われわれはすでに，いろいろの演算を知っているのだから，それを振り返り，その一般化によって定義を生み出す順序をとることにしよう．「数学する」とは，数学における自力更生であろうか．

　実数には4つの演算——加減乗除——があった．

$$7-3=4, \qquad 5-(-2)=7, \qquad \frac{2}{3}-\frac{1}{2}=\frac{1}{6}$$

　この例からわかることは，減法とは，2つの数 x, y に1つの数 z を対応させることである．

　2つの数 x, y には順序があるから，順序対 (x, y) で表わしてみると，1つの順序対 (x, y) に1つの数 z を対応させることと見直すことができる．

　これは，もっと正確にいえば，実数の加法は

　　　　直積 $\boldsymbol{R} \times \boldsymbol{R}$ から $\boldsymbol{R}$ への一意対応

である．

　次にベクトルを例にとる．ベクトルには加法，減法，および実数倍の3種の演算があった．このうち実数倍をみると

　　　　$3a=b$

のように，1つの実数3と1つのベクトル a に，1つのベクトル b を対応させることである．

　これも，順序対 $(3,a)$ に1つのベクトル b を対応させることとみられる．

　ベクトルの集合を V として，正確にいえば，ベクトルの実数倍は

　　　　$R \times V$ から V への一意対応

である．

　以上の2つをみれば，演算は，一般に，どう定義すればよいか見当がつくであろう．（演算を算法ともいう．）

　3つの集合 A,B,C があるとき，$A \times B$ のある元に C の元を1つずつ対応させること．すなわち

　　　　$A \times B$ から C への一意対応*　　　　　　　①

が演算である．

　実数の加法は $A=B=C=R$ の特殊な場合，ベクトルの実数倍は $A=R$，$B=C=V$ の特殊な場合とみられる．

　一応①のように，最も一般的な定義を与えたが，ここまで一般化すると，一意対応そのままになって，とくに演算という別名をつける根拠が失われる．数学で，実際に現われる演算は次の2つの場合とみてよい．

　（i）　$E \times E$ から E への一意対応

　（ii）　$K \times E$ から E への一意対応

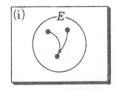
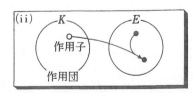

　（i）を E における**内演算**という．

---

* 写像としないで一意対応としたのは，演算のできない元もあるからである．たとえば自然数では，$(5,3)$ では $5-3=2$ で演算ができるが，$(5,7)$ では $5-7$ となって演算ができない．一意対応の意味については ☞ p.55

（ii）を K を**作用団**とする**外演算**といい，K の元を**作用子**という．

演算の例を 2,3 挙げてみよう．

集合でみると，交わり $\cap$ は2つの集合 A,B に対して1つの集合 C を定めるから，集合族における内演算である．

たとえば

$$\{\{a\},\ \{b\},\ \{a,b\},\ \{b,c\}\}$$

においてみると

$$\{a\} \cap \{a,b\} = \{a\}$$

$$\{a,b\} \cap \{b,c\} = \{b\}$$

ただし上の集合族には ϕ がないから，$\{b,c\} \cap \{a\}$ は演算ができない．

また，a,b を実数とするとき，a^b も内演算である．b を肩へ小さくかくために，演算であるという実感が薄いが，これを $a*b$ とでも表わしてみれば演算らしくなろう．

。コンピュータのフォートランでは a^b を $a**b$ で表わす．

$$3*2 = 3^2 = 9,\quad 2*3 = 2^3 = 8,\quad 3*3 = 3^3 = 27$$

写像の合成，さらに一般に関係の合成も内演算である．

集合 $\{1,2,3,4,5\}$ で2数 a,b の最大値を $a \vee b$ で表わしてみると

$$2 \vee 4 = 4,\quad 5 \vee 3 = 5,\quad 3 \vee 3 = 3$$

のように，2数の順序対に1つの数が対応するから，$\vee$ も内演算とみられる．

。**一項演算**

小学校では，7を3の補数，4を6の補数という．一般に，基数 a に対して，$10-a$ を a の補数という．

これは1つの数に1つの数を対応させることである．このようなものも演算とみて，**一項演算**という．

一般に，1つの集合 A があるとき

　　　A から A への一意対応

を，A における**一項演算**ともいう．

これに対して，2つのものに1つのものを対応させる一般の演算を**二項演算**ともいう．

集合でみると，ある集合の補集合を求めることは，集合族における一項演算である．

集合 A における一項演算を f で表わし，A の元 x に対応する元を fx で表わしてみると，fx は f と x の外演算ともみられる．したがって，一項演算の演算記号 f は作用子と呼んでもよいわけである．

補集合 M^c における c は作用子である．また補数 $10-a$ では，$10-$ すなわち「10 からひく」という操作が作用子にあたる．

命題 p の否定 $\bar{p}$ を求めることも一項演算で，頭にひいたバーは作用子とみればよい．

関数 f の導関数 f' を求めることは，関数の集合における一項演算で，$(')$ は作用子である．f の導関数を Df と表わせば D が作用子である．

論理で用いる

$\forall$（すべて），$\exists$（ある）

なども，命題関数に命題を対応させる演算子とみられる．

$x^2+1>0$ は命題関数で

$\forall x(x^2+1>0), \quad \exists x(x^2+1>0)$

はともに命題である．

§2　半群

集合 E における演算というのは，$E \times E$ から E への一意対応であった．前に与えた対応の意味からみて，$E \times E$ のすべての元に対応する E の元が必ず存在することは保証されていない．したがって，E における演算は，E の任意の2元について必ずできるとは限らない．

たとえば $E=\{1,2,3,4,5\}$ で，2数 x,y の最小公倍数を $x \vee y$ で表わしてみると

$$2 \vee 2=2, \quad 2 \vee 4=4, \quad 5 \vee 1=5$$

であるが，3 と 5，4 と 5，6 と 4 などは，最小公倍数が E の中にないので，$3 \vee 5$，$4 \vee 5$，$6 \vee 4$ を求めることができない．

$E \times E$ の元の 25 個のうち，10 個は演算ができない．

これに対し，E の2数 x,y の最大公約数を $x \wedge y$ で表わしてみると，どんな2数についても演算 $\wedge$ ができる．

$x \vee y$ の表

x＼y	1	2	3	4	5
1	1	2	3	4	5
2	2	2	／	4	／
3	3	／	3	／	／
4	4	4	／	4	／
5	5	／	／	／	5

$x \wedge y$ の表

x＼y	1	2	3	4	5
1	1	1	1	1	1
2	1	2	1	2	1
3	1	1	3	1	1
4	1	2	1	4	1
5	1	1	1	1	5

E における演算 $\wedge$ のように, E のどんな2元についても演算。ができ, その演算の値が E に属するとき, すなわち

　　　すべての x, y について $[x \in E,\ y \in E \implies x \circ y \in E]$

のとき, E は演算。について**閉じている**という.

　例1　次の4つの集合は, 四則演算のどれについて閉じているか.

　　　N：自然数全体の集合　　　　Z：整数全体の集合

　　　Q^+：正の有理数全体の集合　　Q：有理数全体の集合

N は加法,乗法について閉じている. しかし 減法と除法については閉じていない. たとえば $(2,5)$ に対して, $2-5$, $2 \div 5$ は N に属さないから.

Z は加法,減法,乗法については閉じているが, 除法については 閉じていない. Q^+ は加法,乗法,除法については閉じているが, 減法については閉じていない.

Q は加減乗除について閉じているようだが, 実際は除法については閉じていない. なぜかというに $(x,0)$ に対して $x \div 0$ が求まらないからである. Q から0だけを除けば, 除法についても閉じる.

○：閉じている
△：閉じていない

演算	N	Z	Q^+	Q
$+$	○	○	○	○
$-$	△	○	△	○
$\times$	○	○	○	○
$\div$	△	△	○	△

　演算。の定義されている集合を $(E, \circ)$ と略記し, これがとくに演算について閉じているとき**代数系**と呼ぶことにしよう.

。半群

　集合 E がある演算。について閉じていて, しかも 結合律をみたすとき, E は演算。について**半群**をなすという.

2条件に分け，整理しておこう．

（ⅰ）　E は演算 $\circ$ について閉じている．

（ⅱ）　結合律　$(x \circ y) \circ z = x \circ (y \circ z)$　　　　　　　　　①

結合律をみたすというのは，①の等式が「E の任意の元 x, y, z について」成り立つことで，誤解のおそれがないときは「　」の中の文を略す．

例1　$E = \{1, 2, 3, 4, 5\}$ で，

$\quad x \vee y : x, y$ の最小公倍数

$\quad x \wedge y : x, y$ の最大公約数

とすると，E は $\wedge$ について閉じていて，しかも

$$(x \wedge y) \wedge z = x \wedge (y \wedge z)$$

がつねに成り立つから結合律をみたす．したがって代数系 $(E, \wedge)$ は半群をなす．

しかし，E は $\vee$ について閉じていないから，$(E, \vee)$ は半群をなさない．

（$E \times E \times E$ の元 (x, y, z) の中に，$(x \circ y) \circ z = x \circ (y \circ z)$ の成り立たないものが1つでもあれば $(E, \circ)$ は結合律をみたさないのである．）

例2　集合 $E = \{a, b, c\}$ で，演算 $\circ$ を右の表のように定めると，この演算については閉じる．では，結合律はどうか．

$$(b \circ c) \circ a = b \circ (c \circ a)$$

は両辺が b になって成り立つが

$$(a \circ b) \circ c = a \circ (b \circ c)$$

は，左辺は a で，右辺は b だから成り立たない．

したがって結合律をみたさないから $(E, \circ)$ は半群をなさない．

$x \circ y$ の表

x＼y	a	b	c
a	a	c	b
b	b	b	c
c	b	c	a

$\times$　　　　　　　　　　$\times$

半群のうちで，とくに，可換律をみたすものを**可換半群**という．

上の例1において，E は演算 $\wedge$ について可換半群をなす．

集合 $E = \{a, b\}$ の巾集合 $P(E)$ は交わり $\cap$ についても，また結び $\cup$ についても可換半群をなす．

右の表からわかるように，可換半群の演算表は，右下りの対角線について対称である．もちろ

$X \cap Y$ の表

X＼Y	ϕ	$\{a\}$	$\{b\}$	E
ϕ	ϕ	ϕ	ϕ	ϕ
$\{a\}$	ϕ	$\{a\}$	ϕ	$\{a\}$
$\{b\}$	ϕ	ϕ	$\{b\}$	$\{b\}$
E	ϕ	$\{a\}$	$\{b\}$	E

ん，この逆も正しい．

。結合法則の一般化

演算の記号は，とくに指定されているときは，それを用いるが，そうでない
ときは，。，・，× などを用いる．ただし×は略すことが多い．

演算を × で表わし，× を略した場合を考えてみる．

E の6つの元 a, b, c, d, e, f について，この順に演算を行なった積は

$$(((((a, b)c)d)e)f \qquad\qquad ①$$

とかっこをつけて表わされるが，ここで，式 $abcdef$ は左から計算すると約束
するならば，上の式は，かっこが不要になる．そこで，① を

$$abcdef$$

とかくことに約束する．

。ここらは小学校以来，あいまいに習って来た．一度ははっきり理解すべき内容であろう．

この表わし方をとると，等式

$$(ab)c = a(bc)$$

は，左辺の（　）を略して

$$abc = a(bc)$$

と表わしてよいことになる．

さて，半群は結合律をみたした．この結合律を有限個の元に拡張するとどう
なるだろうか．

上の約束によると $(ab\cdots)pq\cdots$ のように，最初につく（　）は略せるのだ
から，$ab\cdots(pq\cdots)$ のように，途中からかっこのつくものだけが残る．また，
二重かっこのものは，外のかっこの中の式をみると，これもかっこが1つの式
だから，上と同じ形の式になる．

このことから考えて，結合法則を一般化したものは

（1）　　　$a_1 a_2 \cdots a_r(a_{r+1} \cdots a_n) = a_1 a_2 \cdots a_r a_{r+1} \cdots a_n$

と表わされることがわかる．*

この式は，n についての帰納法によって，容易に証明できる．

---

* $a_1 a_2 \cdots a_n$ は厳密には帰納的定義によればよい．
$$\begin{cases} x_1 = a_1 \\ x_{r+1} = x_r a_{r+1} \end{cases}$$
可換律も一般化できるが，ここでは省略する．

○指数法則

　どんな演算の場合にも，n 個の a の積を a^n で表わす．ただし $a=a^1$ とする．この表わし方によると，半群では次の指数法則が成り立つ．

（2）　　　　$a^m a^n = a^{m+n}$　　　　$(a^m)^n = a^{mn}$

なぜかというに，一般化した結合法則によって

$$\overbrace{aa\cdots a}^{m個}(\overbrace{aa\cdots a}^{n個}) = \overbrace{aa\cdots aaa\cdots a}^{m+n個}$$

となるからである．（結合律が用いられていることに注意しよう．）

　第2の等式は，第1の等式の反復利用による．

$$(a^m)^n = \overbrace{a^m a^m \cdots a^m}^{n個} = a^{m+m+\cdots+m} = a^{mn}$$

　演算を加法で表わしたときは，n 個の a の和を na で表わすことに約束すると，（2）に対応する等式がえられる．

（2′）　　　　$ma + na = (m+n)a$　　　$n(ma) = (nm)a$
　　　　　　　　　　　×　　　　　　　　　　　×

　実数に関する指数法則をみると，以上のほかに $(ab)^n = a^n b^n$ があった．この法則は，演算が可換律をみたすのでないと成り立たない．すなわち，乗法で表わされた可換半群では，次の等式が成り立つ．

（3）　　　　$(ab)^n = a^n b^n$

$n=2$ のときを証明してみる．

$$(ab)^2 = (ab)(ab) = ab(ab) = a(ba)b = a(ab)b$$
$$= aa(bb) = a^2 b^2$$

　一般の場合は帰納法によればよい．

　可換半群が加法で表わされているとき，（3）に当たる等式は

（3′）　　　　$n(a+b) = na + nb$

である．

○単位元

　集合 $E = \{a, b\}$ の巾集合

$$\boldsymbol{P}(E) = \{\phi,\ \{a\},\ \{b\},\ E\}$$

は，$\cap$ について半群をなした．この半群では，E は特殊な元で，どんな元 X についても，

$$E \cap X = X \cap E = X$$

となる.

また$P(E)$は$\cup$について半群をなし,この半群ではϕは特殊な元で,どんな元Xに対しても

$$\phi \cup X = X \cup \phi = X$$

をみたす.

一般に半群$(E, \circ)$において,ある元eがあって,任意の元xに対して

$$e \circ x = x \circ e = x$$

をみたすとき,eをこの演算$\circ$についての**単位元**という.*

上の例で,Eは$\cap$についての単位元で,ϕは$\cup$についての単位元である.

（4） 半群には,単位元は,あったとしても,1つしかない.

証明は背理法によればよい.

半群Eに2つ以上の単位元があったとし,そのうちの異なる2つをe_1, e_2とすると,任意の元xに対して

$$e_1 \circ x = x \circ e_1 = x \qquad ①$$
$$e_2 \circ x = x \circ e_2 = x \qquad ②$$

xは任意の元だから,①で$x = e_2$,②でe_1とおいてみると

$$e_1 \circ e_2 = e_2 \circ e_1 = e_2$$
$$e_2 \circ e_1 = e_1 \circ e_2 = e_1$$

よって$e_1 = e_2$となって,仮定に矛盾する.

　$\circ$不要な式までかいてあるが,それはあとで気付くこと.残しておいた.

例1 集合$E = \{0, 1, 2, 3\}$の2つの元をx, yとしたとき

$$x + y \equiv z \pmod 4, \quad z \in E$$

をみたす元zがあるとき

$$x \oplus y = z$$

と定めてみる.

たとえば

---

* 論理記号でかくと
　　　$\exists e \forall x [e \circ x = x \circ e = x]$
　これを
　　　$\forall x \exists e [e \circ x = x \circ e = x]$
　とすると,すべてのxに対して,それぞれeが存在する意味になる.

$$3+2\equiv1\quad(\mathrm{mod}\,4),\quad 1\in E$$

だから $3\oplus2=1$

この演算に対して E は可換半群をなす.

この半群では，任意の元 x について

$$0\oplus x=x\oplus0=x$$

だから，0は単位元である.

例2　集合 $E=\{0,1,2,3\}$ で，2つの元を x,y としたとき

$$x\times y\equiv z\quad(\mathrm{mod}\,4),\quad z\in E$$

をみたす z があるとき，$x\otimes y=z$ と定める.

この場合は，すべての x に対して

$$1\otimes x=x\otimes1=x$$

となるから，単位元は1である.

$x\oplus y$ の表

x＼y	0	1	2	3
0	0	1	2	3
1	1	2	3	0
2	2	3	0	1
3	3	0	1	2

これは mod 4 の剰余類 C_0, C_1, C_2, C_3 を，0,1,2,3 で代表したことと同じになる.

$x\otimes y$ の表

x＼y	0	1	2	3
0	0	0	0	0
1	0	1	2	3
2	0	2	0	2
3	0	3	2	1

〇部分半群

半群 $(E,\circ)$ の部分集合 A が，同じ演算 〇 について半群をなすとき，A を E の**部分半群**という.

〇 E は半群をなさなくても，その部分集合 A が半群をなすことがある.　しかし，このときは部分半群とはいわないのがふつうである.

上の例2の半群 E には，部分半群がたくさんある.

$\{0\}$　$\{1\}$　$\{0,1\}$　$\{0,2\}$　$\{1,3\}$　$\{0,1,2\}$　$\{0,1,3\}$

	0	1
0	0	0
1	0	1

	0	2
0	0	0
2	0	0

	1	3
1	1	3
3	3	1

	0	1	2
0	0	0	0
1	0	1	2
2	0	2	0

	0	1	3
0	0	0	0
1	0	1	3
3	0	3	1

半群 E の部分集合 A が半群をなすことを示すには

(ⅰ)　A が E における演算について閉じていること

（ii）　A はその演算について結合法則をみたすこと

の2つをあきらかにしなければならない．しかし，（i）をみたせば（ii）はおのずからみたされる．すなわち（i）⇒（ii）となるから，（i）をあきらかにするだけで十分である．

（5）　半群 $(E, \circ)$ の部分集合を A とすると

　　　A が半群 $\Longleftrightarrow$ A は演算 $\circ$ について閉じている．

§3　同型

　現代数学の大きな特長は，その目標が構造の研究におかれていることである．構造を研究しようとすれば，構造の比較が課題になる．2つの構造は等しいか，あるいは似ているか，似ているとすればどの程度似ているのか．これに答えるのが，同型，準同型などの概念である．

　集合は対象を集めただけで，まだなんの構造もない．それに構造を与えることは，元または集合に性質や関係を与えることで，文章でかけば命題になる．

。1変数の命題関数 $p(x)$ で p は x の性質で，2変数の命題 $p(x, y)$ では，p は x, y の関係である．

　はじめに関係一般の比較を考えてみよう．

　1つの集合 E の2つの元に関係 R が与えられているとき，これを略して (E, R) とかくことにする．

。前の約束によれば $(\mathrm{R} ; E, E)$ とかくことになるが，ここでは簡素化を考慮し (E, R) で表わす．

　集合 E 上に2つの関係 R, R′ があるとき，これが等しいことは，R, R′ をみたす2元の順序対 (x, y) が完全に一致することであって

　　　　すべての (x, y) について　$x\mathrm{R}y \Longleftrightarrow x\mathrm{R}'y$

と表わされた．

。関係の同型

　以上から，2つの集合における関係 (E, R)，(E', R') の比較の仕方が推測されよう．実例で考えてみる．

　集合 $E = \{1, 2, 3, 6\}$ 上では約数関係 R をとる．

　　　　　　R：x は y の約数である．

　集合族 $E' = \{\phi, \{a\}, \{b\}, \{a, b\}\}$ 上では包含関係 R′ をとる．

　　　　　　R′：x' は y' に含まれる．

比較を容易にするため，グラフを方眼上に図示してみる．

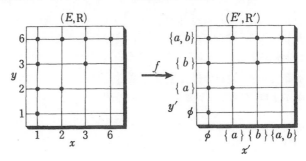

この2つの図は，文字を無視してみると完全に一致する．この一致を数学的に説明するには，2つの集合間に対応をつければよい．

E の元に E' の元を右のように対応させてみよう．

$$E \xrightarrow{\ f\ } E'$$

(E, R) の図の $1, 2, 3, 6$ をそれぞれ $\phi, \{a\}, \{b\}, \{a,$

$$1 \longrightarrow \phi$$

$b\}$ にかきかえると，完全に (E', R') の図になる．

$$2 \longrightarrow \{a\}$$

このようなとき，2つの関係 (E, R) と (E', R') と

$$3 \longrightarrow \{b\}$$

は，みかけは異なるが，構造的には同じとみてよいだ

$$6 \longrightarrow \{a, b\}$$

ろう．

そこで，一般に，次のように定める．

2つ関係 (E, R), (E', R') があるとする．E から E' へ全射で単射の写像 f を与え，E の元 x, y に対応する E' の元をそれぞれ x', y' としたとき，つねに

$$x\mathrm{R}y \Leftrightarrow x'\mathrm{R}'y'$$

となるならば，関係 (E, R) は (E', R') と同型であ

るといい

$$E \xrightarrow{\ f\ } E'$$
$$x \longrightarrow x'$$
$$y \longrightarrow y'$$
$$\Downarrow$$
$$x\mathrm{R}y \Leftrightarrow x'\mathrm{R}'y'$$

$$(E, \mathrm{R}) \cong (E', \mathrm{R}')$$

で表わすことにする．なお，f を同型写像という．

。E と E' に1対1の対応を与えることと同じ．☞ p. 63

この同型が同値関係であることは，上の定義から容易に導けよう．

x', y' は x, y に対応する元だから $f(x), f(y)$ と表わされる．これを用いれば，上の同型の条件は，

（6）すべての (x, y) について　$x\mathrm{R}y \Longleftrightarrow f(x)\mathrm{R}'f(y)$

とかきかえられる．

○代数系の同型

上の関係の同型は，そのまま，2つの代数系 $(E, \circ)$，$(E', \cdot)$ の同型にあてはめることができる．なぜかというに，E の元 x, y に演算 $\circ$ を行なった結果が z であること，すなわち $x \circ y = z$ は，(x, y) と z の関係とみられ

$$(x, y) \mathrm{R} z$$

と表わせるからである．

E から E' へ全射で単射の写像 f を与え，E の元 x, y, z に対応する E' の元をそれぞれ x', y', z' としたとき，つねに

$$x \circ y = z \iff x' \cdot y' = z'$$

ならば，2つの代数系は同型であるといえばよい．

　○ E と E' に1対1の対応を与えることと同じ．

上の同型の条件は x', y', z' を $f(x), f(y), f(z)$ で表わせば

$$x \circ y = z \iff f(x) \cdot f(y) = f(z)$$

さらに z を消去すると

$$f(x \circ y) = f(x) \cdot f(y)$$

$$
\begin{array}{ccc}
E & \xrightarrow{\ f\ } & E' \\
x & \longrightarrow & x' \\
y & \longrightarrow & y' \\
z & \longrightarrow & z' \\
& \big\downarrow & \\
\end{array}
$$

$$x \circ y = z \iff x' \cdot y' = z'$$

以上のことは，そのまま，半群にあてはめると，次の定理がえられる．

2つの代数系 (E, α)，(E', α') が同型のときは，(E, α) が半群ならば E' も半群である．また E が可換ならば E' も可換である．つまり，半群, 可換 などの性質は代数系の同型写像によって，E から E' へ**伝わる**のである．（「伝わる」よりもよい表現はないだろうか．）

実例を1つ挙げてみる．

$E = \{1, 2, 3, 6\}$ で，演算を次のように定める．

　　x, y の最大公約が z であるとき $x \wedge y = z$

$E' = \{\phi, \{a\}, \{b\}, \{a, b\}\}$ では，演算として，交わり $\cap$ を考える．

$x \wedge y$ の表

x \ y	1	2	3	6
1	1	1	1	1
2	1	2	1	2
3	1	1	3	3
6	1	2	3	6

$\xrightarrow{\ f\ }$

$x' \cap y'$ の表

x' \ y'	ϕ	$\{a\}$	$\{b\}$	$\{a,b\}$
ϕ	ϕ	ϕ	ϕ	ϕ
$\{a\}$	ϕ	$\{a\}$	ϕ	$\{a\}$
$\{b\}$	ϕ	ϕ	$\{b\}$	$\{b\}$
$\{a,b\}$	ϕ	$\{a\}$	$\{b\}$	$\{a,b\}$

E から E' への写像（全射で単射）f を右のように与えると，E についての演算の表は，E' についての演算の表に完全にかわる．

これを式でかくと

$$f(x \wedge y) = f(x) \cap f(y)$$

で，これは，同型の定義そのままだから，半群（E, $\wedge$）と半群（E', $\cap$）とは同型であることがわかる．

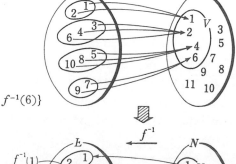

$$\begin{array}{ccc} E & \xrightarrow{\ f\ } & E' \\ 1 & \longrightarrow & \phi \\ 2 & \longrightarrow & \{a\} \\ 3 & \longrightarrow & \{b\} \\ 6 & \longrightarrow & \{a, b\} \end{array}$$

。f の代りに，次の対応をとっても同型写像になる．

$$\begin{array}{ccc} E & \xrightarrow{\ g\ } & E' \\ 1 & \longrightarrow & \phi \\ 2 & \longrightarrow & \{b\} \\ 3 & \longrightarrow & \{a\} \\ 6 & \longrightarrow & \{a, b\} \end{array}$$

。関係の準同型

同型は，2つの関係が，構造的にみたとき，完全に一致することである．

関係には，同型とまではいかないが，構造的にかなり似ていることがある．そのような両者の比較の方法は多種多様と思われるが，数学的に重要なものに準同型がある．

同型のときに用いる写像は，全射でかつ単射であった．この条件をとり払って，一般の写像をとればどうなるだろうか．

その準備として，写像における対応のようすを原像でながめてみよう．

たとえば $E = \{1, 2, 3, \cdots, 10\}$ の元 x に，x 以下の自然数のうち x と互いに素なものの個数を対応させてみると，この対応 f は，E から N への写像になる．

この写像の値域は

$$V = \{1, 2, 4, 6\}$$

である．

V の4つの元の原像の集合

$$W = \{f^{-1}(1),\ f^{-1}(2),\ f^{-1}(4),\ f^{-1}(6)\}$$

をみると，E の類別になる．

しかも写像

$$\begin{array}{ccc} V & \longrightarrow & W \\ 1 & \longrightarrow & f^{-1}(1) \\ 2 & \longrightarrow & f^{-1}(2) \\ 4 & \longrightarrow & f^{-1}(4) \\ 6 & \longrightarrow & f^{-1}(6) \end{array}$$

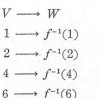

は全射かつ単射である.

　E の元が グループを 作って V の元と対応している様子を記憶にとどめておくことである.

　そこで, 関係があるときは, その関係がグループごとに保持される場合を考えると, 準同型の概念が生れる.

　一般に 2 つの関係 (E, R), (E', R') があるとき, E から E' への写像 f を選ぶことによって, 次の条件をみたすようにできるとき f を**準同型写像**という. そして f が全射の準同型写像のときは, E' は E と**準同型**であるという.

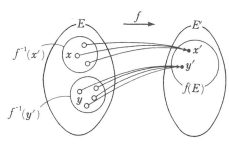

$$\left.\begin{array}{ccc} E & \xrightarrow{f} & E' \\ x & \longrightarrow & x' \\ y & \longrightarrow & y' \end{array}\right\} \text{ならば } x\mathrm{R}y \iff x'\mathrm{R}'y'$$

　$x' = f(x),\ y' = f(y)$ を用いてかきかえると

（7）$\qquad x\mathrm{R}y \iff f(x)\mathrm{R}'f(y)$

　これは, さらに逆写像を用いて表わしてみると

（8）$\qquad x \in f^{-1}(x'),\quad y \in f'(y'),\quad x\mathrm{R}y \iff x'\mathrm{R}'y'$

　すなわち E' の 2 元 x', y' が関係 R' をみたすときは, x', y' の逆像内の 点をそれぞれ x, y とすると, x, y は関係 R をみたす. この逆も正しい.

　以上の考えは, 関係の特殊なものである代数系一般にそのままあてはまる. したがって, そのさらに特殊な場合である半群にもあてはまる.

　たとえば, 演算をもった 2 つの集合 $(E, \circ)$, $(E', \cdot)$ において, E から E' への写像 f が存在し, つねに

（9）$\qquad f(x \circ y) = f(x) \cdot f(y)$

が成り立つなら, f を準同型写像という. そして f が全射の準同型写像のときは, E' は E と準同型であるという.

　このとき, 次のことが知られている.

（i）　E が閉じておれば, $f(E)$ も閉じる.

（ii）　E が半群ならば，$f(E)$ も半群である．

（iii）　E が可換的ならば，$f(E)$ も可換的である．

。変換の半群

このような例の重要な一例として，変換の半群をあげてみる．（写像と変換とはほとんど同じ意味に用いられる．一般に E から E への写像のときは変換ということが多い．）

1つの集合 E があるとき，E から E への写像のことを，E 上の**変換**ということにしよう．

E 上の変換全体は半群をなすことは，対応の合成が結合律をみたすことからあきらかであろう．もちろん，その一部分で半群をなすこともある．

例1　$E = \{a, b\}$ とすると，E 上の変換は次の4つである．

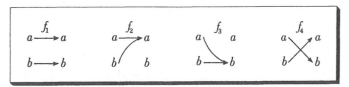

この変換の集合を T とすると，T は合成について半群をなす．右の表は合成の結果をまとめたものである．

例2　次に1つの半群があるとき，その半群をもとに1つの変換の半群を作ることを考えてみる．

たとえば，集合 $E = \{a, b, c, d\}$ が演算・について半群で，その演算表が次のように与えられているとしよう．

この表で，① の行の元に，② の行の元を対応させると，E 上の1つの変換になる．② の行の元は a に ① の行の元をかけたものだから，この変換は，E の任意の元を x とすると，x に ax を対応させたものである．この変換は a によって定まるから L_a で表わしてみる．（a を x の左から

$x \circ y$ の表

x ＼ y	f_1	f_2	f_3	f_4
f_1	f_1	f_2	f_3	f_4
f_2	f_2	f_2	f_3	f_3
f_3	f_3	f_2	f_3	f_2
f_4	f_4	f_2	f_3	f_1

$x \cdot y$ の表

x ＼ y	a	b	c	d	
					①
a	a	a	a	a	②
b	a	b	a	b	③
c	a	a	a	a	④
d	a	b	a	b	⑤

。E が半群であること，すなわち結合律をみたすことをあきらかにせよ．

かけるから，left の頭文字をとって L_a などと表わした．)

$$L_a : x \rightarrow ax$$

①の元に③,④,⑤の元を対応させると，同様にして，L_b, L_c, L_d がえられる．しかし $L_a = L_c$, $L_b = L_d$ であるから，変換は実際は L_a と L_b の2つで，$\{L_a, L_b\}$ は，合成について半群をなす．

E 上のすべての変換の集合を $T(E)$ とすると，S から $T(E)$ への写像

$$S \longrightarrow T(E)$$
$$a \longrightarrow L_a$$
$$b \longrightarrow L_b$$
$$c \longrightarrow L_c$$
$$d \longrightarrow L_d$$

は，準同型写像である．

$X \circ Y$ の表

X╲Y	L_a	L_b
L_a	L_a	L_a
L_b	L_a	L_b

これをあきらかにするには S の3つの元を u, v, w とするとき

$$u \cdot v = w \quad ならば \quad L_u \circ L_v = L_w$$

となることを示せばよい．

S の任意の元を x とすると

$$(L_u \circ L_v)(x) = L_u(L_v(x)) = L_u(v \cdot x) = u \cdot (v \cdot x)$$
$$= (u \cdot v) \cdot x = L_{u \cdot v}(x) = L_w(x)$$
$$\therefore \ L_u \circ L_v = L_w$$

以上から，半群 $T(E)$ は半群 S に準同型であることがわかる．

§4　群

半群がさらに，その演算の逆算についても閉じているとき，群というのである．

　一般に (E, α) が半群のとき E の1つの元を a，任意の元を x とし，x に ax を対応させる写像を L_a で表わすと，L_a は E 上の変換である．ここで E の元 a に L_a を対応させる写像 f を考えると，これは E から $T(E)$ への準同型写像になる．ただし $T(E)$ は E 上の変換全体の集合を表わす．

$$群の条件\begin{cases} 半群\begin{cases} ある演算について閉じている. \\ 結合律が成り立つ. \end{cases} \\ 逆算について閉じている. \end{cases}$$

とはいっても，まだ逆算をあきらかにしてないから，このままでは群の説明にはならない．（この群の定義は，群の定義としては，もっとも原始的なものである.）

。逆算

実数でみると，b を a で割ると c になるというのは，a と c の積が b になることである．すなわち

$$b \div a = c \iff a \times c = b, \; c \times a = b$$

実数の乗法は可換的であるから，a, b に対して $a \times x = b$ をみたす x と，$y \times a = b$ をみたす y とは等しく，この等しい数を $b \div a$ で表わせばよかった．

しかし，演算一般は可換的とは限らないから，上の x と y とは一般には等しくない．

たとえば，$E = \{a, b, c, d\}$ において，演算。
が右の表で与えられている場合をみると

$$a \circ c = b \qquad d \circ a = b$$

であるから，逆算は2通り考えなければならない．

2つの元 a, b に対して $a \circ x = b$ をみたす x が

x╲y	a	b	c	d
a	c	a	b	b
b	a	a	b	c
c	b	d	c	c
d	b	c	d	a

$x \circ y$

1つだけあるときは，この x を $b \dashv a$ で表わし，$\dashv$ を。の左逆算と呼ぶことにしよう．また $y \circ a = b$ をみたす y が1つだけあるときは，この y を $b \vdash a$ で表わし，$\vdash$ を。の右逆算と呼ぶことにしよう．（記号 $\dashv$ と $\vdash$ は，ここで仮りに用いたもので，一般に用いられているわけではない.）

$$a \circ x = b \iff x = b \dashv a$$
$$y \circ a = b \iff y = b \vdash a$$

代数系 $(E, \circ)$ が，任意の2元 a, b に対して

$$a \circ x = b, \; y \circ a = b$$

をみたす元 x, y をそれぞれ1つずつもつとき，**逆算可能である**という．

さて，逆演算は2つあるために，演算記号で表わそうとすると，上のように，2つの記号が必要である．この煩わしさから解放されるために考え出され

たのが，逆数の概念とそれを表わす記号である．

実数では，逆数の記号を用いると，除法は乗法にかえられた．たとえば

$$2\div3=2\times\frac{1}{3}$$

のように．そこで，$2\times\frac{1}{3}$ と $\frac{1}{3}\times2$ を区別することにすれば，

$$3\times x=2 \text{ をみたす } x \text{ は } x=\frac{1}{3}\times2$$

$$y\times3=2 \text{ をみたす } y \text{ は } y=2\times\frac{1}{3}$$

となって，逆演算の2つが区別され，しかも，逆演算の記号も不要になることが予想される．

○ 群の単位元

この予想にもとづいて，考え出されたのが，一般の演算における逆元の概念である．逆元を定義するには単位元が必要であるから，まず，群には，単位元と逆元のあることをあきらかにしなければならない．

(10) 群には単位元がある．

$(E,\circ)$ が群であるとすると，逆算可能であるから，任意の2元 a,b に対して

$$a\circ x=b, \qquad y\circ a=b$$

をみたす x,y が必ず存在する．

ここで $b=a$ とすると，任意の a に対して

$$a\circ x=a, \qquad y\circ a=a \qquad\qquad ①$$

をみたす x,y が存在する．したがって，$x=y$ であることがわかれば，x は単位元である．

① の a は任意だから，第1式で $a=y$，第2式で $a=x$ とおくと

$$y\circ x=y, \qquad y\circ x=x$$

$$\therefore\ y=x$$

これで，任意の元 a に対して $a\circ x=x\circ a=a$ をみたす x の存在が確認された．この式をみたす x を単位元というのだから E には単位元がある．

単位元はふつう e で表わす．（演算を乗法 $\times$ で表わすときは，単位元として1を用いることも多い．演算を加法 $+$ で表わすときは，単位元として0を用い，零元というのがふつうである．）

○群の逆元

一般に単位元 e をもっている代数系 $(E, \circ)$ の元 a に対して

$$ax = xa = e$$

をみたす元 x がただ1つあるとき，これを a の**逆元**といい，a^{-1} で表わす．

(11)　群では，すべての元に逆元がある．

$(E, \circ)$ が群であるとすると，除法可能だから，任意の元 a と単位元 e とに対して，

$$a \circ x = e, \qquad y \circ a = e$$

をみたす x, y がそれぞれ1つずつ存在する．そこで，$x = y$ を示せば十分である．

この証明はやさしい．$y \circ a \circ x$ を上の2式を用いて簡単にしてみよう．

第1式により　$y \circ a \circ x = y \circ (a \circ x) = y \circ e = y$

第2式により　$y \circ a \circ x = (y \circ a) \circ x = e \circ x = x$

$$\therefore \ x = y$$

よって $a \circ x = x \circ a = e$ をみたす x が，a に対応して1つだけ存在する．すなわち，任意の元 a に逆元 a^{-1} がある．

○逆元による逆算の表現

逆元を用いれば，群 $(E, \circ)$ の2種の逆算は簡単に表わされる．

E の任意の2元を a, b としたとき，$a \circ x = b$ をみたす x はどう表わせばよいか．いやどう表わされるか．a には逆元 a^{-1} があるから，両辺の左側から a^{-1} をかけてみよう．

$$a \circ x = b \implies a^{-1} \circ (a \circ x) = a^{-1} \circ b$$
$$\implies (a^{-1} \circ a) \circ x = a^{-1} \circ b$$
$$\implies e \circ x = a^{-1} \circ b$$
$$\implies x = a^{-1} \circ b$$

$a \circ x = b$ をみたす x は $a^{-1} \circ b$ で表わされることが わかった．これで 左逆算は，乗法 ○ と逆元で表わされた．

全く同様にして，$y \circ a = b$ をみたす y は $b \circ a^{-1}$ で表わされることがわかる．したがって，○の右逆算は，○と逆元で表わされる．

以上をまとめておく．

(12)　　　　　　　　$a \circ x = b \iff x = a^{-1} \circ b$

(12′)　　　　　$y \circ a = b \iff y = b \circ a^{-1}$

群は可換的とは限らないから，$a^{-1} \circ b$ と $b \circ a^{-1}$ とは一般には異なる．したがって，うっかり，順序を変更してはいけない．

○ **群の見分け方（1）**

半群が群をなすことをあきらかにするには，任意の2元 a, b に対して

$$a \circ x = b, \qquad y \circ a = b$$

をみたす x, y の存在を確認しなければならない．2元の組 (a, b) は沢山あることを思えば，この確認は容易なことでない．そこで，群の第2の判定方法がほしくなる．それが，単位元の存在と逆元の存在の確認でよいことは，以上の考察からたやすく推測されよう．

(13)　半群が，単位元をもち，かつ，すべての元が逆元をもつならば，群をなす．すなわち

$$(E, \circ) \text{は} \begin{cases} \text{半群である} \\ \text{単位元をもつ} \\ \text{すべての元に逆元がある} \end{cases} \iff (E, \circ) \text{は群である.*}$$

この証明はやさしい．逆算可能を 示せばよい．すなわち任意の2元 a, b に対して，$a \circ x = b$, $y \circ a = b$ をみたす x, y がそれぞれ1つだけあることを示せばよい．

任意の元 a, b に対して，$a^{-1} \circ b$ が1つ定まる．この元に対して

$$a \circ (a^{-1} \circ b) = (a \circ a^{-1}) \circ b = e \circ b = b$$

よって，$a \circ x = b$ をみたす x が少なくとも1つあることがわかった．

このような x が2つ以上ないことを示さねばならない．背理法による．2つ以上あったとし，そのうちの2つを x_1, x_2 $(x_1 \neq x_2)$ とすると

$$a \circ x_1 = b, \qquad a \circ x_2 = b$$

前に試みたと同様にして，これらの2式から

$$x_1 = a^{-1} \circ b, \qquad x_2 = a^{-1} \circ b$$

$$\therefore \ x_1 = x_2$$

これは $x_1 \neq x_2$ に矛盾する．よって，2つ以上はない．

---

* ここの群の条件を，群の定義にとるのがふつうである．
　この定義の方が，群の判定としてはやさしいからである．しかし，群を発生的にみれば，本書のように，逆算可能を定義にとるのが自然であろう．

全く同様にして，$y \circ a = b$ をみたす y が1つだけ存在することも証明される．

例1　集合 $E = \{1,2,3\}$ 上の次の変換の集合 $T = \{a,b,c,p,q,r\}$ は，合成について群をなすことをあきらかにせよ．

a	b	c	p	q	r

T は，全射かつ単射の変換のすべてであるから，合成の結果も全射かつ単射で，しかも T に属し，T は半群をなす．したがって，単位元の存在と，すべての元に逆元のあることを示すことができれば，群をなすことになる．

変換 a は，元1，2，3に自分自身を対応させるのだから，任意の変換 t に対して

$$a \circ t = t \circ a = a$$

となることは明白で，T の単位元である．a を**恒等変換**という．

次に逆元の存在を示そう．

$a \circ a = a$ から，単位元 a の逆元は a 自身である．$a^{-1} = a$

$p \circ p = a$，$q \circ q = a$，$r \circ r = a$ から $p^{-1} = p$，$q^{-1} = q$，$r^{-1} = r$

次に $b \circ c = e$，$c \circ b = e$ から $b^{-1} = c$，$c^{-1} = b$

元	a	b	c	p	q	r
逆元	a	c	b	p	q	r

これで，すべての元に逆元の存在することが確認された．

以上によって，T は合成について群をなすことがわかった．

この群では

$$b \circ p = r, \qquad p \circ b = q$$

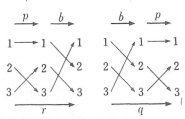

有限集合における全射かつ単射の変換は置換ともいい，次の表わし方が広く用いられている．

$a = \begin{pmatrix} 1 & 2 & 3 \\ 1 & 2 & 3 \end{pmatrix}$，$b = \begin{pmatrix} 1 & 2 & 3 \\ 2 & 3 & 1 \end{pmatrix}$，$c = \begin{pmatrix} 1 & 2 & 3 \\ 3 & 1 & 2 \end{pmatrix}$，$p = \begin{pmatrix} 1 & 2 & 3 \\ 1 & 3 & 2 \end{pmatrix}$

q，r も同様．

であるから

$$b \circ p \neq p \circ b$$

したがって T は可換群でない.

○ 群の見分け方（2）

　群の第2の見分け方は，演算の表を用いるものである.

　たとえば，先の例1の変換の半群

$$T = \{a, b, c, p, q, r\}$$

で，すべての2元について合成を試み，右の表を作ったとする.

　この表から，T が群をなすかどうかをみることができるだろうか.

　たとえば，[2]の行をみると，T のすべての元が1回ずつ現われるから，T の任意の元を t とすると，[2]の行には必ず t が存在する. その t から上へたどったとき，[0]の行の元を x とすると

$$b \circ x = t$$

が成り立つ.

　[3]の行についても同様だから，c に対して，任意の元 t をとると

$$c \circ y = t$$

をみたす y が存在する.

　その他の行についても同様であるから，t の任意の2元 a, b に対して

$$a \circ x = b$$

をみたす x が存在する.

　これによって，左逆演算の可能なことが確認された.

　同様のことは列についても成り立つ. $\langle 1 \rangle, \langle 2 \rangle, \cdots$ の列をみると，どの元にも，T のすべての元が1回ずつ現われるから，右逆演算の可能が確認される.

　以上によって，T は群をなすことがわかった.

　一般に，有限の半群は，その演算表が，次の2条件をみたせば群になる.

$u \circ v$

v ＼ u	a	b	c	p	q	r	
a	a	b	c	p	q	r	[1]
b	b	c	a	r	p	q	[2]
c	c	a	b	q	r	p	[3]
p	p	q	r	a	b	c	[4]
q	q	r	p	c	a	b	[5]
r	r	p	q	b	c	a	[6]

（行の上端に [0]，列の下端に $\langle 0 \rangle \langle 1 \rangle \langle 2 \rangle \langle 3 \rangle \langle 4 \rangle \langle 5 \rangle \langle 6 \rangle$）

(14)　半群の演算表のすべての行,列に,Eの　　　　　⟺ 半群は群
　　　すべての元がそれぞれ1回現われる

　p の行に,E のすべての元が1回
ずつ現われるということは,E の任
意の元 x に $p \circ x$ を対応させる変換

　　　$L_p : x \to p \circ x$

が全射かつ単射になることである.

　p の列に,E のすべての元が1回
ずつ現われることは,E の任意の元
x に $x \circ p$ を対応させる変換

　　　　　$R_p : x \to x \circ p$

が全射かつ単射になることである.

$u \circ v$

u＼v	a	b	c	p	q	r
p の行　p	p	q	r	a	b	c

ここは演算表に関係がないから,E は
無限集合でもよい.

　したがって,上の群の条件は, 2組の変換半群

$$T_L = \{L_a, L_b, L_c, L_p, L_q, L_r\}$$
$$T_R = \{R_a, R_b, R_c, R_p, R_q, R_r\}$$

が,ともに変換群になることにほかならない.

　例2　$E = \{1, 3, 5, 7\}$ は,mod 8 の乗法($\circ$)
について群をなすことをあきらかにせよ.

　乗法の表を作ってみる.

　どの行にも,どの列にも, E の元が1回ず
つ現われるから,E は群をなす.
で証明する.

$x \circ y$

x＼y	1	3	5	7
1	1	3	5	7
3	3	1	7	5
5	5	7	1	3
7	7	5	3	1

○部分群

　ある群の部分集合で,同じ演算について群をなすものを,**部分群**という.
　（群 E では E 自身も E の部分群である. また E の単
位元はそれ1つで部分群をなす. 群 E で,$\{e\}$ と E を
固有な部分群といい, その他の部分群を**非固有な部分
群**または**真の部分群**という.）

　先の例1の群 $E = \{a, b, c, p, q, r\}$ で部分集合

　　　$A = \{a, b, c\}$

をみると, これはあきらかに部分群をなしている.

$u \circ v$ の表

u＼v	a	b	c
a	a	b	c
b	b	c	a
c	c	a	b

また例1では，部分集合

$$\{1,3\} \quad \{1,5\} \quad \{1,7\}$$

はいずれも部分群である．

群のある部分集合が群であることを判定するのには，その部分集合が演算について閉じていることを確認するだけでは十分でない．演算について閉じておれば半群になることはわかるが，逆演算が可能であることは保証できない．したがって，演算について閉じているほかに，逆演算の可能なこと，あるいは，これに代る条件として，単位元の存在と，逆元の存在を追加しなければならない．しかし，逆元があれば，単位元の存在は導けるので，逆元の存在で十分になる．

(15) 群 $(E, \circ)$ の部分集合を A とする．

$$A \text{ は部分群} \iff A \text{ は} \begin{cases} (\text{i}) & 演算 \circ について閉じている． \\ (\text{ii}) & どの元にも逆元がある． \end{cases}$$

なぜかというに，A の任意の元を a とすると，a^{-1} も A に属する．A は演算 $\circ$ について閉じていることから

$$a \circ a^{-1} \in A \qquad \therefore \ e \in A$$

となって，単位元が A に含まれることになるからである．

さらに，次の定理も，部分集合が群をなすための条件になることを注意しておこう．

(16) 群 $(E, \circ)$ の部分集合を A とする．

$$A \text{ は部分群} \iff A \text{の任意の元を} a, b \text{とすると} \ a \circ b^{-1} \in A$$

○ 群の同型

群の同型は半群の同型と同じように考える．実例を挙げるのが早道であろう．

次の3つの群を比較してみる．

① $E = \{1, 3, 5, 7\}$ において，演算として $\bmod 8$ の乗法を考え $x \times y$ で表わす．

②　$F=\{0,1,2,3\}$ において，演算として， mod 4 の加法を考え，それを $x+y$ で表わす.

③　平面から平面への写像で，不動（恒等写像）を e, x 軸に関する対称移動を a, y 軸に関する対称移動を b, 原点に関する対称移動を c とし，写像の集合 $G=\{e,a,b,c\}$ で，演算として合成を選び，$x\circ y$ で表わす.

これらはいずれも群をなすから，その構造は演算の表によって比較される.

①　E　$x\times y$ の表					②　F　$x+y$ の表					③　G　$x\circ y$ の表				
x ＼ y	1	3	5	7	x ＼ y	0	1	2	3	x ＼ y	e	a	b	c
1	1	3	5	7	0	0	1	2	3	e	e	a	b	c
3	3	1	7	5	1	1	2	3	0	a	a	e	c	b
5	5	7	1	3	2	2	3	0	1	b	b	c	e	a
7	7	5	3	1	3	3	0	1	2	c	c	b	a	e
単位元 1					単位元 0					単位元 e				

一見したところ，4つの群の間には何んの関係もないようであるが，よくみるとそうではない.

対角線上の元をくらべてみよ. 右上りの対角線には，どれも同じ元が並んでいる. 次に右下りの対角線をみると，①と③では単位元だけが並んでいるのに，②ではそうなっていない. どうやら似ているのは①と③である.

①の表の1,3,5,7をそれぞれ e,a,b,c でおきかえると，完全に③の表になる. このことは，数学的には，写像 f（全射かつ単射）を考えると，演算では次のような対応が保存されることである.

$$3\times 5 \to a\circ b$$
$$3\times 7 \to a\circ c$$
$$5\times 7 \to b\circ c$$

$$E \xrightarrow{f} G$$
$$1 \longrightarrow e$$
$$3 \longrightarrow a$$
$$5 \longrightarrow b$$
$$7 \longrightarrow c$$

一般に E の元 x,y に対応する G の元をそれぞれ x',y' とすると，$x\times y$ には $x'\circ y'$ が対応している.

ここまでくれば，一般化はとるに足らない.

2つの群 $(E,\circ)$, $(E',\cdot)$ があるとき，全射かつ単射の写像 f を与えることによって，次の条件をみたすようにできるとき，群 E' は群 E に同型であると

いう.

E の任意の元 x, y に対して

$$f(x \circ y) = f(x) \cdot f(y)$$

この条件があれば E の単位元には E' の単位元が対応すること，x に x' が対応すれば，x の逆元には x' の逆元が対応することなどもあきらかになる.

$$E \xrightarrow{\ f\ } E'$$
$$x \longrightarrow f(x)$$
$$y \longrightarrow f(y)$$
$$x \circ y \longrightarrow f(x) \cdot f(y)$$

∘ 群の準同型

準同型は同型よりは複雑である. これも実例でみるのが早分りであろう.

この場合は，自分自身に準同型の方がわかりやすく，理論的にもたいせつであるから，その例を挙げてみる.

集合 $E = \{1, 2, 3, 4, 5, 6\}$ で，mod 7 の乗法を行なってみる.

演算表は $1, 2, 3, 4, 5, 6$ の順序であるとわかりにくいから，$1, 2, 4, 3, 6, 5$ の順にかきかえる.

$x \circ y$ の表

x＼y	1	2	3	4	5	6
1	1	2	3	4	5	6
2	2	4	6	1	3	5
3	3	6	2	5	1	4
4	4	1	5	2	6	3
5	5	3	1	6	4	2
6	6	5	4	3	2	1

$x \circ y$ の表

x＼y	1	2	4	3	6	5
1	1	2	4	3	6	5
2	2	4	1	6	5	3
4	4	1	2	5	3	6
3	3	6	5	2	4	1
6	6	5	3	4	1	2
5	5	3	6	1	2	4

かきかえた表を点線で 4 つに区切ってみると，2 つのわく内は $1, 2, 4$ のみで，残りの 2 つのわく内は $3, 6, 5$ のみである. そこで

$$A = \{1, 2, 4\}, \quad B = \{3, 6, 5\}$$

とおいてみると，上の表から次のことがわかる.

　A の元と A の元の積をすべて作ると A になる.

　A の元と B の元の積をすべて作ると B になる.

　B の元と A の元の積をすべて作ると B になる.

　B の元と B の元の積をすべて作ると A になる.

以上の事実を簡単に表わすには，直積にならい，集合についての乗法を考

え，それぞれを

$$A \circ A = A \qquad A \circ B = B \qquad B \circ A = B \qquad B \circ B = A$$

と表わせばよい．

　一般に集合 P, Q, R があって，P の任意の元と Q の任意の元にある演算 $\circ$ を行なったとき，その演算の結果が集合 R を作るならば

$$P \circ Q = R$$

で表わすことに約束する．

　この約束によると，先の結果は，右の表にまとめられ，集合族

$$\{A, B\}$$

は，集合の演算 $\circ$ について群をなすことがわかる．

$X \circ Y$ の表

$X \backslash Y$	A	B
A	A	B
B	B	A

　一方，A, B は E の類別であるから，代表元として A から 1，B から 6 を選んで $A = H_1$，$B = H_6$ と表わしてみる．

　以上の事実を写像によってみるとどうなるだろうか．

　E から $E' = \{1, 3\}$ への写像として，次の f をとってみよう．

$X \circ Y$

$X \backslash Y$	H_1	H_6
H_1	H_1	H_6
H_6	H_6	H_1

1 と 6 を選んだのは，集合 $\{1, 6\}$ が群をなすからである．

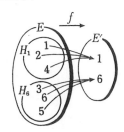

$$f(2 \circ 4) = f(1) = 1$$
$$f(2) \circ f(4) = 1 \circ 1 = 1$$
$$\therefore \quad f(2 \circ 4) = f(2) \circ f(4)$$

$$f(3 \circ 6) = f(4) = 1$$
$$f(3) \circ f(6) = 6 \circ 6 = 1$$
$$\therefore \quad f(3 \circ 6) = f(3) \circ f(6)$$

$$f(4 \circ 5) = f(6) = 6$$
$$f(4) \circ f(5) = 1 \circ 6 = 6$$
$$\therefore \quad f(4 \circ 5) = f(4) \circ f(5)$$

E の任意の元，x, y について $f(x \circ y) = f(x) \circ f(y)$ の成り立つことが確認で

きる．このとき E' は E に準同型であるというのである．

一般に，2つの群 $(E, \circ)$，$(E', \cdot)$ があるとき，次の条件をみたす E から E' への全射の写像 f が存在するとき，E' は E に準同型であるといい $E \cong E'$ で表わす．

$$E \text{ の任意の元 } x, y \text{ に対して } f(x \circ y) = f(x) \cdot f(y)$$

再び，先の例にもどって，準同型の内容を見直すことにする．

$E = \{H_1, H_6\}$ から E' への写像（全射かつ単射）として

$E \xrightarrow{f} E'$		1	6		H_1	H_6
$H_1 \longrightarrow 1$	1	1	6	H_1	H_1	H_6
$H_6 \longrightarrow 6$	6	6	1	H_6	H_6	H_1

を選んでみると，E' は E に同型である．

さて E の実体は何か．E は E を類別したときの類の集合である．写像 f でみると H_1, H_6 はそれぞれ E' の元 $1, 6$ の逆像である．

$$H_1 = f^{-1}(1), \qquad H_6 = f^{-1}(6)$$

これだけではない．H_6 の元は H_1 の元に 6 をかけて作り出されるから

$$H_6 = H_1 \circ \{6\}$$

つまり，E の類別は，E の部分群 $H_1 = \{1, 2, 4\}$ をもとにして作り出されたものである．そこで類の集合 E は E/H_1 で表わすことにすると

$$E/H_1 \cong E'$$

記号 E/H_1 は同値関係 R による商群の表わし方 E/R に似ている．これに深入りする余裕のないのが残念である．読者は，次の関係 $\sim$ を考えてみるとよい．

E の任意の元 x, y に対して

$$x \sim y \iff x \circ y^{-1} \in H_1$$

この関係 $\sim$ は同値関係で，これによって作った商群 $E/\sim$ は，実は E/H_1 と一致するのである．

練 習 問 題 4

問題

1. 次の 半群には 単位元 が ある か. あるならば, それを求めよ.
(1) $E=\{0,2,4,6\}$ で mod 8 の 乗法を行なう.
(2) $F=\{0,2,4,6,8\}$ で mod 10 の乗法を行なう.

2. $E=\{1,2,3,4,6,12\}$ に おい て, 2数 x,y の 最大公約数を $x\wedge y$ で表わす.
(1) $(E,\wedge)$ は半群か.
(2) 単位元があるか.
(3) 逆元のある元があるか.

3. $E=\{1,2,3,4,6,12\}$ に おい て, 2数 x,y の 最小公倍数を $x\vee y$ で表わす.
(1) $(E,\vee)$ は半群か.
(2) 単位元があるか.
(3) 逆元のある元があるか.

4. $E=\{a,b\}$ 上の 4 つの変換を 次のように表わす.

$$f_1:\begin{cases}a\to a\\b\to b\end{cases}\quad f_2:\begin{cases}a\to b\\b\to a\end{cases}$$

$$f_3:\begin{cases}a\to a\\b\to a\end{cases}\quad f_4:\begin{cases}a\to b\\b\to b\end{cases}$$

$T=\{f_1,f_2,f_3,f_4\}$ で演算とし て合成 (∘) を選ぶ.
(1) 合成の表を作れ.
(2) 単位元はどれか.
(3) 逆元のあるのはどれか.

ヒントと略解

1. 乗法の表を作ってみよ.
(1) 単位元がない.
(2) 単位元がある. 単位元は 6
$\quad 0\times6=0,\ 2\times6=2,\ 4\times6=4,\ 8\times6=8$

2. (1)　　　　　　　$x\wedge y$

x ＼ y	1	2	3	4	6	12
1	1	1	1	1	1	1
2	1	2	1	2	2	2
3	1	1	3	1	3	3
4	1	2	1	4	2	4
6	1	2	3	2	6	6
12	1	2	3	4	6	12

　半群である.
(2) 単位元は 12
(3) 12だけ. 12 の逆元は 12

3. (1) 半群である.
(2) 単位元は 1
(3) 1だけ. 1 の逆元は 1

4. (1)　　　　　　　$x\circ y$

x ＼ y	f_1	f_2	f_3	f_4
f_1	f_1	f_2	f_3	f_4
f_2	f_2	f_1	f_4	f_3
f_3	f_3	f_3	f_3	f_3
f_4	f_4	f_4	f_4	f_4

(2) 単位元 f_1
(3) f_1 と f_2
(4) $\{f_1\}$, $\{f_1,f_2\}$

5. 演算では, 2元に対して ただ1つの元が定まる

（4）T の部分集合で群をなすものをみつけよ.

5. 群 E の任意の3元を x,y,z とするとき, 次のことを証明せよ.

（1）$x=y \Leftrightarrow xz=yz$

（2）$x=y \Leftrightarrow zx=zy$

6. 群 E の2つの部分群を A,B とすると, $A \cap B$ もまた部分群であることを証明せよ.

7. 群 E の部分集合 A が, 次の条件をみたすならば, E の部分群になることを証明せよ.

「A の任意の2元を x,y とすると xy^{-1} もまた A に属する」

8. 次の 2つの群は 同型であるか.

（1）$A=\{1,i,-1,-i\}$ で複素数の乗法を考える.

（2）次の4つの関数の集合で, 関数の合成を行なう.

$f_1(x)=x,\ f_2(x)=1-x$

$f_3(x)=-\dfrac{x}{x+1},\ f_4(x)=\dfrac{1-x}{1+x}$

9. 前問の2つの群の真の部分群をすべて求めよ.

10. 8の(2)において

$E=\{f_1,f_2,f_3,f_4\}$

$F=\{f_1,f_2\}$

とおく. F は E に準同型であることを示せ.

のであるから $x=y$ ならば, xz と yz は同じ元になる.

$\therefore\ x=y \Rightarrow xz=yz$

逆に $xz=yz$ の両辺に z^{-1} をかけて

$$xzz^{-1}=yzz^{-1} \qquad \therefore\ x=y$$

（2）も同様.

6. $A \cap B$ の2元を x,y としたとき, $xy,\ x^{-1},\ e$ が $A \cap B$ に属することを示せばよい.

7. $A \ni x,y$ のとき $xy,\ x^{-1},\ e$ が A に属することを示せばよい.

$xx^{-1}\in A \qquad \therefore\ e\in A$

$e\cdot x^{-1}\in A \qquad \therefore\ x^{-1}\in A$

$x,y\in A \Rightarrow y^{-1}\in A \Rightarrow x(y^{-1})^{-1}\in A$

$\therefore\ xy\in A$

8. 演算の表を作ってくらべよ.

（1）

	1	i	-1	$-i$
1	1	i	-1	$-i$
i	i	-1	$-i$	1
-1	-1	$-i$	1	i
$-i$	$-i$	1	i	-1

（2）

	f_1	f_2	f_3	f_4
f_1	f_1	f_2	f_3	f_4
f_2	f_2	f_1	f_4	f_3
f_3	f_3	f_4	f_1	f_2
f_4	f_4	f_3	f_2	f_1

同型でない.

9.（1）$\{1,-1\}$

（2）$\{f_1,f_2\},\ \{f_1,f_3\},\ \{f_1,f_4\}$

10. 次の写像による.

$f_1\to f_1 \qquad f_2\to f_1$

$f_3\to f_3 \qquad f_4\to f_3$

第5章

代数系-演算2つ

§1 群の2つの表わし方

2つ以上の演算をもった代数系を取扱うのがこの章の目標である．演算が2つあれば，一方を × で表わし，他は ＋ で表わすことになろう．したがって，予備知識として，乗法で表わしたときと加法で表わしたときの類似点，および相異点をあきらかにしておかねばならない．群は，演算を乗法で表わしたときは**乗法群**といい，加法で表わしたときは**加法群**または**加群**というのがならわしである．加法は，主として可換群で用いるのだが，ここでは，両者を平等に取扱い，左右に並べ，比較してみる．

一般の群のとき

演算を × で表わしたとき	演算を ＋ で表わしたとき
（1）$(E, \times)$ が群をなす条件	（1′）$(E, +)$ が群をなす条件
○　$a, b \in E$ ならば $ab \in E$	○　$a, b \in E$ ならば $a+b \in E$
○　結合律	○　結合律
$(ab)c = a(bc)$	$(a+b)+c = a+(b+c)$
○　単位元の存在　ある元 x があって，すべての元 a に対して	○　単位元の存在　ある元 x があって，すべての元 a に対して
$ax = xa = a$	$a+x = x+a = a$
となるとき，x を乗法における単位元といい，1 で表わす．	となるとき，x を加法における単位元といい，0 で表わす．
	0 を**零元**ともいう．
○　逆元の存在　任意の元 a に対して	○　逆元の存在　任意の元 a に対して
$ax = xa = 1$	$a+x = x+a = 0$

をみたす元 x がそれぞれ存在すると
き，それを a の逆元といい，a^{-1} で表
わす．

（2）　連乗の表わし方
$$y_{n+1}=y_n a_{n+1}, \quad y_1=a_1$$
と約束する．

（3）　結合律の一般化
$$a_1 a_2 \cdots a_r (a_{r+1} \cdots a_n)$$
$$=a_1 a_2 \cdots a_n$$
すなわち
$$(\prod_{i=1}^{r} a_i)(\prod_{j=r+1}^{n} a_j)=\prod_{k=1}^{n} a_k$$

（4）　累乗の表わし方
　元 a の n 個の積を a^n で表わし，a
の n 乗という．
　（とくに $a=a^1$）

（5）　指数法則
　m,n が自然数のとき
$$a^m a^n = a^{m+n}$$
$$(a^m)^n = a^{mn}$$

（6）　負の整数乗，0乗の約束
　a^n の逆元を a^{-n} で表わす．
$$(a^n)^{-1}=a^{-n}$$
$$a^0=1$$

（7）　$(a^{-1})^{-1}=a$
$$(ab)^{-1}=b^{-1}a^{-1}$$
$$(a^n)^{-1}=(a^{-1})^n$$

（8）　指数法則の拡張
　m,n が整数のとき
$$a^m a^n = a^{m+n}$$

をみたす元 x がそれぞれ存在すると
き，それを a の逆元といい，$-a$ で表
わす．
　　　$-a$ を a の反元ともいう．

（2′）　連加の表わし方
$$y_{n+1}=y_n + a_{n+1}, \quad y_1=a_1$$
と約束する．

（3′）　結合律の一般化
$$a_1 + a_2 + \cdots + a_r + (a_{r+1} + \cdots + a_n)$$
$$=a_1 + a_2 + \cdots + a_n$$
すなわち
$$(\sum_{i=1}^{r} a_i)+(\sum_{j=r+1}^{n} a_j)=\sum_{k=1}^{n} a_k$$

（4′）　累加の表わし方
　元 a の n 個の和を na で表わし，a
の n 倍という．
　（とくに $a=1\cdot a$）

（5′）　倍の法則
　m,n が自然数のとき
$$ma+na=(m+n)a$$
$$n(ma)=(nm)a$$

（6′）　負の整数倍，0倍の約束
　na の反元を $-na$ で表わす．
$$-na=(-n)a$$
$$0a=0$$

（7′）　$-(-a)=a$
$$-(a+b)=(-a)+(-b)$$
$$-na=n(-a)$$

（8′）　指数法則の拡張
　m,n が整数のとき
$$ma+na=(m+n)a$$

$$(a^m)^n = a^{m+n} \qquad\qquad n(ma) = (nm)a$$

可換群のとき

（9）　可換律

$$ab = ba$$

（9′）　可換律

$$a+b = b+a$$

（10）　指数法則の追加

n が自然数のとき

$$(ab)^n = a^n b^n$$

（10′）　倍の法則の追加

n が自然数のとき

$$n(a+b) = na + nb$$

（11）　逆算の記号

ab^{-1} と $b^{-1}a$ とは等しいから，これを $a \div b$ または $\dfrac{a}{b}$ で表わし，この逆算を除法という.

$\dfrac{a}{b}$ を a, b の商という.

$$ab^{-1} = b^{-1}a = \frac{a}{b}$$

（11′）　逆算の記号

$a+(-b)$ と $(-b)+a$ とは等しいから，これを $a-b$ で表わし，この逆算を減法という.

$a-b$ を a, b の差という.

$$a+(-b) = (-b)+a = a-b$$

（12）　指数法則の除法への拡張

m, n が整数のとき

$$\frac{a^m}{a^n} = a^{m-n}$$

$$\left(\frac{a}{b}\right)^n = \frac{a^n}{b^n}$$

（12′）　倍の法則の減法への拡張

m, n が整数のとき

$$ma - na = (m-n)a$$

$$n(a-b) = na - nb$$

　演算を乗法で表わした場合と加法で表わした場合とは，きわめて似てはいるが，微妙な違いもある. a の逆元は a^{-1} で表わした. これを加法にかえると，a の反元は $(-1)a$ となるわけだが，実際は $-a$ と表わす. 両者の差は，主として，ここから起きる.

　指数の法則など，いくつかの法則は，左右を比較しながら証明の式をみることをすすめよう. 次にその一例を挙げる.

（10）　n が自然数のとき

$$(ab)^n = a^n b^n$$

（証明）帰納法による.

$n=1$ のとき，あきらかに成り立つ.

n のとき成り立つとすると

$$(ab)^{n+1} = (ab)^n (ab)$$

（10′）　n が自然数のとき

$$n(a+b) = na + nb$$

（証明）帰納法による.

$n=1$ のとき，あきらかに成り立つ.

n のとき成り立つとすると

$$(n+1)(a+b) = n(a+b) + (a+b)$$

$$=(a^n b^n)(ab)$$
$$=a^n(b^n a)b$$
$$=a^n(ab^n)b$$
$$=(a^n a)(b^n b)$$
$$=a^{n+1}b^{n+1}$$

よって $n+1$ のときも成り立つ.

$$=(na+nb)+(a+b)$$
$$=na+(nb+a)+b$$
$$=na+(a+nb)+b$$
$$=(na+a)+(nb+b)$$
$$=(n+1)a+(n+1)b$$

よって $n+1$ のときも成り立つ.

§2 環

整数全体の集合 $\mathbf{Z}$ をみると, 加法,減法,乗法の3つの演算がある. ただし, 減法は加法の逆算でみるから, 実質は2つの演算とみるべきで, 群,半群の概念を用いれば, 次のように整理される.

$$\mathbf{Z} \begin{cases} \text{加法について可換群をなす.} \\ \text{乗法について可換半群をなす.} \\ \text{分配律 } a(b+c)=ab+ac \text{ が成り立つ.} \end{cases}$$

一般に集合 E に2つの 演算が定義されており, それらの演算の一方を ＋, 他方を × で表わすと, 上の3つの条件をみたすとき, E を環というのである.

環をなすものは, $\mathbf{Z}$ のほかにもいろいろある. 有理数全体の集合, 実数全体の集合, 複素数全体の集合は, いずれも環である. 環には有限集合のものもある. その例を挙げてみる.

例1 集合 $E=\{0,1,2,3\}$ で, mod 4 の加法と乗法を考え, それぞれ ＋, × で表わしてみよ.

<table>
<tr><td colspan="5" align="center">$x+y$ の表</td></tr>
<tr><td>x＼y</td><td>0</td><td>1</td><td>2</td><td>3</td></tr>
<tr><td>0</td><td>0</td><td>1</td><td>2</td><td>3</td></tr>
<tr><td>1</td><td>1</td><td>2</td><td>3</td><td>0</td></tr>
<tr><td>2</td><td>2</td><td>3</td><td>0</td><td>1</td></tr>
<tr><td>3</td><td>3</td><td>0</td><td>1</td><td>2</td></tr>
</table>

<table>
<tr><td colspan="5" align="center">$x×y$ の表</td></tr>
<tr><td>x＼y</td><td>0</td><td>1</td><td>2</td><td>3</td></tr>
<tr><td>0</td><td>0</td><td>0</td><td>0</td><td>0</td></tr>
<tr><td>1</td><td>0</td><td>1</td><td>2</td><td>3</td></tr>
<tr><td>2</td><td>0</td><td>2</td><td>0</td><td>2</td></tr>
<tr><td>3</td><td>0</td><td>3</td><td>2</td><td>1</td></tr>
</table>

加法の表をみると, どの行, どの列にも 0,1,2,3 が1回ずつ現われる. 一方, 結合律と可換律の成り立つことは明白に近いから, E は加法について可換

群をなす.

　乗法の表をみると，どの行，どの列にも，数字があるから，乗法について閉じている．一方，結合律と可換律の成り立つことは自明だから，E は乗法については半群をなす．行または列には，0,1,2,3 のうちある元の現われないものがあるから，群にはならない.

　さらに，分配律の成立も自明．したがって E は環である.

。一般の環

　上の環では，乗法について可換律が成り立ったが，環の概念をもっと一般化するため，乗法については，可換律の成立を条件としない場合がある．この場合には，$a(b+c)$ と $(b+c)a$ とは一致すると限らないので，分配律は2つあげなければならない.

　　　　　　　　　　　　　加法について可換群をなす.
　　　一般の環 $\left\{\begin{array}{l}\end{array}\right.$ 乗法について半群をなす.
　　　　　　　　　　　　　分配律　$a(b+c)=ab+ac,\ (b+c)a=ba+ca$　が成り立つ.

　これを環の定義にとる場合には，乗法について可換律をみたすものは，**可換環**という．この本では，この方式で呼ぶことにする.

> 。可換環を環の定義にとり，単に環と呼ぶ場合は，乗法について 可換律が 成り立つかどうかわからないものは歪環，斜環などという.

　　　環 $\left\{\begin{array}{l}\text{可換環}\\\text{非可換環}\end{array}\right.$

非可換環の簡単な例を挙げてみる.

　例2　集合 $G=\{0,1\}$ について，mod 2 の加法と乗法を考えることにして，8つのマトリックス

$$a=\begin{pmatrix}0&0\\0&0\end{pmatrix}\qquad b=\begin{pmatrix}1&0\\0&1\end{pmatrix}\qquad c=\begin{pmatrix}0&1\\1&0\end{pmatrix}\qquad d=\begin{pmatrix}1&1\\1&1\end{pmatrix}$$

$$e=\begin{pmatrix}0&0\\1&1\end{pmatrix}\qquad f=\begin{pmatrix}1&1\\0&0\end{pmatrix}\qquad g=\begin{pmatrix}1&0\\1&0\end{pmatrix}\qquad h=\begin{pmatrix}0&1\\0&1\end{pmatrix}$$

の集合 $E=\{a,b,c,d,e,f,g,h\}$ を考える.

　E において，加法,乗法としてマトリックスの加法,乗法を選んでみる.
　たとえば

$$c+d=\begin{pmatrix}0&1\\1&0\end{pmatrix}+\begin{pmatrix}1&1\\1&1\end{pmatrix}=\begin{pmatrix}0+1&1+1\\1+1&0+1\end{pmatrix}=\begin{pmatrix}1&0\\0&1\end{pmatrix}=b$$

$$f \times c = \begin{pmatrix} 1 & 1 \\ 0 & 0 \end{pmatrix} \begin{pmatrix} 0 & 1 \\ 1 & 0 \end{pmatrix} = \begin{pmatrix} 1\cdot 0+1\cdot 1 & 1\cdot 1+1\cdot 0 \\ 0\cdot 0+0\cdot 1 & 0\cdot 1+0\cdot 0 \end{pmatrix} = \begin{pmatrix} 1 & 1 \\ 0 & 0 \end{pmatrix} = f$$

このような計算をすべての元について試み, 表を作ってみる.

<table>
<tr><td colspan="9" align="center">$x+y$ の表</td><td colspan="9" align="center">$x \times y$ の表</td></tr>
<tr><td>x\$y$</td><td>$a$</td><td>$b$</td><td>$c$</td><td>$d$</td><td>$e$</td><td>$f$</td><td>$g$</td><td>$h$</td><td>$x$\$y$</td><td>$a$</td><td>$b$</td><td>$c$</td><td>$d$</td><td>$e$</td><td>$f$</td><td>$g$</td><td>$h$</td></tr>
<tr><td>a</td><td>a</td><td>b</td><td>c</td><td>d</td><td>e</td><td>f</td><td>g</td><td>h</td><td>a</td><td>a</td><td>a</td><td>a</td><td>a</td><td>a</td><td>a</td><td>a</td><td>a</td></tr>
<tr><td>b</td><td>b</td><td>a</td><td>d</td><td>c</td><td>g</td><td>h</td><td>e</td><td>f</td><td>b</td><td>a</td><td>b</td><td>c</td><td>d</td><td>e</td><td>f</td><td>g</td><td>h</td></tr>
<tr><td>c</td><td>c</td><td>d</td><td>a</td><td>b</td><td>h</td><td>g</td><td>f</td><td>e</td><td>c</td><td>a</td><td>c</td><td>b</td><td>d</td><td>f</td><td>e</td><td>g</td><td>h</td></tr>
<tr><td>d</td><td>d</td><td>c</td><td>b</td><td>a</td><td>f</td><td>e</td><td>h</td><td>g</td><td>d</td><td>a</td><td>d</td><td>d</td><td>a</td><td>d</td><td>d</td><td>a</td><td>a</td></tr>
<tr><td>e</td><td>e</td><td>g</td><td>h</td><td>f</td><td>a</td><td>d</td><td>b</td><td>c</td><td>e</td><td>a</td><td>e</td><td>e</td><td>a</td><td>e</td><td>e</td><td>a</td><td>a</td></tr>
<tr><td>f</td><td>f</td><td>h</td><td>g</td><td>e</td><td>d</td><td>a</td><td>c</td><td>b</td><td>f</td><td>a</td><td>f</td><td>f</td><td>a</td><td>f</td><td>f</td><td>a</td><td>a</td></tr>
<tr><td>g</td><td>g</td><td>e</td><td>f</td><td>h</td><td>b</td><td>c</td><td>a</td><td>d</td><td>g</td><td>a</td><td>g</td><td>h</td><td>d</td><td>a</td><td>d</td><td>g</td><td>h</td></tr>
<tr><td>h</td><td>h</td><td>f</td><td>e</td><td>g</td><td>c</td><td>b</td><td>d</td><td>a</td><td>h</td><td>a</td><td>h</td><td>g</td><td>d</td><td>d</td><td>d</td><td>g</td><td>h</td></tr>
</table>

$(2,2)$ 型のマトリックスの加法は結合律と可換律をみたす. 乗法は結合律をみたすが可換律はみたさない. たとえば $fg=a$, $gf=d$ だから $fg \neq gf$ なお, マトリックスでは分配律が成り立つ.

さらに, 上の演算表を参考にして, E は加法については可換群, 乗法については非可換の半群をなすことがわかる. しかも, 分配律をみたすから, E は非可換の環である.

◦ 環の性質

環は加法について群をなすのだから, 零元 0 があり, また, すべての元 a に対して, その反元 $-a$ がある.

この反元が,

$$-(-a)=a \qquad \text{①}$$

をみたすことは, 加群の性質からあきらかである.

環は乗法については半群をなし, しかも分配律

$$a(b+c)=ab+ac \qquad \text{②}$$
$$(b+c)a=ba+ca \qquad \text{③}$$

が成り立った.

② において $b=c=0$ とおくと

$$a(0+0)=a\cdot0+a\cdot0 \qquad \therefore\ a\cdot0=a\cdot0+a\cdot0$$

両辺に $-a\cdot0$ を加えて　$0=a\cdot0+0$

$$\therefore\ a\cdot0=0 \qquad\qquad ④$$

③から同様にして　　　　$0\cdot a=0$　　　　　　　　　　⑤

次に②で c を $-b$ でおきかえると　$b+c=b+(-b)=0$ だから

$$a\cdot0=ab+a(-b) \qquad \therefore\ 0=ab+a(-b)$$

よって　$a(-b)$ は ab の反数だから

$$a(-b)=-ab \qquad\qquad ⑥$$

②から同様にして　　　$(-b)a=-ba$　　　　　　　　　⑦

さらに①と⑥から

$$(-a)(-b)=-a(-b)=-(-ab)=ab$$

$$\therefore\ (-a)(-b)=ab$$

〇 単位元

　環は乗法については群をなさなくてもよいのだから，単位元をもつとは限らない．しかし，実用上は単位元をもつものが重要である．

　整数全体の集合 $\boldsymbol{Z}$ は単位元として1をもっている．

　先にあげた例2の E も単位元をもち，それは b である．

　例3　$E=\{0,3,6,9\}$ で，演算として $\bmod 12$ の加法および乗法をとると，環になる．

加法の表

	0	3	6	9
0	0	3	6	9
3	3	6	9	0
6	6	9	0	3
9	9	0	3	6

乗法の表

	0	3	6	9
0	0	0	0	0
3	0	9	6	3
6	0	6	0	6
9	0	3	6	9

この環は単位元をもたないように見えるが，乗法の表の下段から

$$9\times0=0\times9=0 \qquad 9\times3=3\times9=3$$

$$9\times6=6\times9=6 \qquad 9\times9=9$$

すなわち，E の任意の元 x に対して

$$9\times x=x\times9=x$$

となるから，9が単位元である．

○零因子

整数全体の集合 Z では，0でない2数の積が0になることはない．すなわち

$$a \neq 0 \quad かつ \quad b \neq 0 \quad ならば \quad ab \neq 0$$

対偶をとると

$$ab=0 \quad ならば \quad a=0 \quad または \quad b=0$$

この性質は，すべての環にあるのではない．たとえば

$$E=\{0,1,2,3,4,5\}$$

で，mod 6 の加法と乗法を考えると環になり，この環では 2,3 はともに零元ではないのに

$$2 \times 3 = 0$$

となる．

一般に a,b が零元でないのに $ab=0$ となるとき，a を**左零因子**，b を**右零因子**，合わせて**零因子**という．（零因子に0を含めることもある．このときは $ab=0$ をみたす a,b を零因子と定義することになる．）

単位元をもち，零因子をもたない可換環のことを**整域**という．

整数全体の集合は，あきらかに整域である．

○部分環とイデアル

環 E の部分集合 A が，もとの環の演算について環をなすとき**部分環**という．

たとえば，整数全体の集合 Z は環で，その部分集合である 2 の倍数全体の集合は，Z の部分環である．

部分環のうち重要なのにイデアルというのがある．

環 E の部分環 A が，次の条件をみたすとき，A を**左イデアル**という．

E の任意の元を a，A の任意の元を x とするとき

$$ax \in A \qquad ①$$

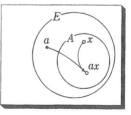

注 A が環 E の部分環になるための条件は，A の2元を x,y とするとき $x+y \in A$ $0 \in A$ $-x \in A$ $xy \in A$ の4つになるが，はじめの3つは，$x-y \in A$ で代用できる．したがって A が E の<u>左</u>イデアルであるための条件は $A \ni x,y \Rightarrow x-y \in A$ $A \ni x, E \ni \Rightarrow ax \in A$

条件 ① を $xa \in A$ にかえたときは，**右イデアル**という．

左イデアルでかつ右イデアルであるときには，単に**イデアル**という．

例4 $E=\{0,1,2,3,4,5\}$ で，mod 6 の加法,乗法を考えた環でみると，部分環 $A=\{0,2,4\}$ はイデアルである．

和

A\A	0	2	4
0	0	2	4
2	2	4	0
4	4	0	2

⎰0は A の零元
⎨0,2,4の反元は
⎱それぞれ0,4,2

積

A\E	0	1	2	3	4	5
0	0	0	0	0	0	0
2	0	2	4	0	2	4
4	0	4	2	0	4	2

○ 同型と準同型

環 E の同型は，E が加群として同型で，乗法については半群として同型であればよいから，いままでの知識の組合せで考えられる．準同型についても同様である．

例5 $E=\{0,1,2,3,4,5\}$ で mod 6 の加法,乗法を考える．

$E'=\{0,1,2\}$ で mod 3 の加法,乗法を考える．

この2つの環で，E から E' への写像（全射）として，図の f を選んでみよ．

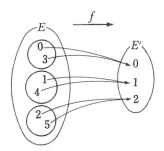

E の任意の2元 x,y について

$$f(x+y)=f(x)+f(y)$$
$$f(xy)=f(x)f(y)$$

が成り立つ．

この事実は，加法と乗法の表を，次のようにブロックに分けてみると，一層あきらかになろう．

したがって，E' は E に準同型である．

E 加法

	0	3	1	4	2	5
0	0	3	1	4	2	5
3	3	0	4	1	5	2
1	1	4	2	5	3	0
4	4	1	5	2	0	3
2	2	5	3	0	4	1
5	5	2	0	3	1	4

$\xrightarrow{f}$

E' 加法

	0	1	2
0	0	1	2
1	1	2	0
2	2	0	1

E 乗法						
	0	3	1	4	2	5
0	0	0	0	0	0	0
3	0	3	3	0	0	3
1	0	3	1	4	2	5
4	0	0	4	4	2	2
2	0	0	2	2	4	4
5	0	3	5	2	4	1

$\xrightarrow{\ f\ }$

E' 乗法			
	0	1	2
0	0	0	0
1	0	1	2
2	0	2	1

E の類を $A=\{0,3\}$, $B=\{1,4\}$, $C=\{2,5\}$ とおいて, これらの集合 $E=\{A, B, C\}$ を考える.

ここで, 集合についての加法と乗法を定める. 乗法については群のところですでに試みた. A の任意の元と B の任意の元の積の集合が C に一致するとき $AB=C$ とかくことにする. 同じ約束を加法にも定める. すなわち A の任意の元と B の任意の元の和の集合が C を作るならば $A+B=C$ とかくことにする.

このように定めると E は環をなし, E と E' とは, 次の対応 g によって同型となることがわかる.

$E \xrightarrow{\ g\ } E'$
$A \longrightarrow 0$
$B \longrightarrow 1$
$C \longrightarrow 2$

E 加法			
	A	B	C
A	A	B	C
B	B	C	A
C	C	A	B

E 乗法			
	A	B	C
A	A	A	A
B	A	B	C
C	A	C	B

§3 体

有理数全体の集合 Q を演算でみると, 加法については可換群をなす. 乗法についても可換群をなすようであるが, くわしくみるとそうではない. というのは, $0 \cdot x = \dfrac{2}{3}$ をみたす x が存在せず, また $0 \cdot x = 0$ をみたす x は無数にあって, 一意的に定まらない. つまり, 乗法の逆算は可能でない. しかし, Q から 0 を除いた集合 $Q-\{0\}$ を考えると, 乗法の逆算はつねに可能になる.

そこで Q を演算からみた特徴は次のようにまとめられる.

（ⅰ） 加法について可換群をなす.

（ⅱ） 乗法について可換半群をなす.

（ⅲ） 分配律をみたす $a(b+c)=ab+ac$

（ⅳ） $\boldsymbol{Q}-\{0\}$ は乗法の逆算が可能である.

4条件のうち（ⅰ）,（ⅱ）,（ⅲ）は $\boldsymbol{Q}$ が可換環をなす条件であるから, $\boldsymbol{Q}$ の特徴は, 次のように簡潔にまとめてもよいわけである.

○ $\boldsymbol{Q}$ は可換環である.

○ $\boldsymbol{Q}-\{0\}$ は乗法の逆算が可能である.

あるいは, 次のようにいってもよい.

○ $\boldsymbol{Q}$ は可換環である.

○ $\boldsymbol{Q}-\{0\}$ は乗法について可換群をなす.

この2つの条件をみたすとき, $\boldsymbol{Q}$ を体という. 実数全体の集合 $\boldsymbol{R}$, 複素数全体の集合 $\boldsymbol{C}$ はともに上の条件をみたすから体である.

しかし, 一般の環では乗法について可換的でなくともよかったように, 一般の体でも乗法について可換的であることを条件としない. したがって, 一般の体は, 次の2条件をみたせばよい.

E は体 $\begin{cases} E \text{は環をなす.} \\ E-\{0\} \text{ は乗法について群をなす.} \end{cases}$

体をこのように定義した場合は, 乗法について可換的な体は**可換体**という. $\boldsymbol{Q},\boldsymbol{R},\boldsymbol{C}$ はいずれも 可換体である. （非可換である 体を**歪体**, または**斜体**という.）

体には有限なものもある. 次に, その実例をあげてみる.

例1 $E=\{0,1\}$ で mod 2 の加法と乗法を考えると, 最小の体（可換体）がえられる.

例2 $E=\{0,1,2,3,4\}$ で, mod 5 の 加法, 乗法 を考えると, 可換体になる.

一般に p が素数のとき $E=\{0,1,2,\cdots,p-1\}$ で mod p の加法, 乗法を考えると可換体になる.

$x+y$		
x ＼ y	0	1
0	0	1
1	1	0

$x \times y$		
x ＼ y	0	1
0	0	0
1	0	1

$x+y$

x＼y	0	1	2	3	4
0	0	1	2	3	4
1	1	2	3	4	0
2	2	3	4	0	1
3	3	4	0	1	2
4	4	0	1	2	3

$x \times y$

x＼y	0	1	2	3	4
0	0	0	0	0	0
1	0	1	2	3	4
2	0	2	4	1	3
3	0	3	1	4	2
4	0	4	3	2	1

○ 拡大体　$a+b\sqrt{2}$

a,b が有理数のとき，$a+b\sqrt{2}$ の形の数の四則をみると

$$(a+b\sqrt{2})+(c+d\sqrt{2})=(a+c)+(b+d)\sqrt{2} \qquad ①$$
$$(a+b\sqrt{2})-(c+d\sqrt{2})=(a-c)+(b-d)\sqrt{2}$$
$$(a+b\sqrt{2})(c+d\sqrt{2})=(ac+2bd)+(bc+ad)\sqrt{2} \qquad ②$$

さらに　$c+d\sqrt{2}\neq0$　すなわち　$c\neq0$　または　$d\neq0$　ならば

$$\frac{a+b\sqrt{2}}{c+d\sqrt{2}}=\frac{ac-2bd}{c^2-2d^2}+\frac{bc-ad}{c-2d^2}\sqrt{2}$$

　このことから，集合 $\{a+b\sqrt{2}\,|\,a\in\boldsymbol{Q},\ b\in\boldsymbol{Q}\}$ は，体（可換体）をなすことがわかる．

　この体は，体 $\boldsymbol{Q}$ に $\sqrt{2}$ を追加することによって作り出された体で，しかも，その部分集合として $\boldsymbol{Q}$ を含むので $\boldsymbol{Q}$ の拡大体といい $\boldsymbol{Q}[\sqrt{2}]$ で表わす．

　この拡大体を純数学的にはっきりと構成するには，有理数の順序対 (a,b) について，加法と乗法を定義すればよい．

　$a\in\boldsymbol{Q},\ b\in\boldsymbol{Q}$ のとき，(a,b) 全体の集合を E とする．直積で示せば

$$E=\boldsymbol{Q}\times\boldsymbol{Q}$$

E において，加法と乗法は①，②を参考にして，次のように定める．

$$(a,b)+(c,d)=(a+c,\ b+d)$$
$$(a,b)(c,d)=(ac+2bd,\ bc+ad)$$

　このようにきめると，$(0,0)$ はあきらかに零元で，(a,b) に対して一意に定まる元 $(-a,-b)$ は反元である．加法について，結合律,可換律の成り立つこととは容易にたしかめられるから，E は加群をなす．

　次に乗法をみると，可換律,結合律 の成り立つことはあきらかだから，可換

半群をなす.次に任意の元 (a,b) に対して

$$(a,b)(1,0)=(a\cdot1+2b\cdot0,\ b\cdot1+a\cdot0)=(a,b)$$

だから,$(1,0)$ は単位元である.

逆元はどんな場合にあるだろうか.(a,b) に対して逆元 (x,y) があるためには

$$(a,b)(x,y)=(1,0)$$

をみたす有理数 (x,y) がただ1つ存在しなければならない.上の式から

$$(ax+2by,\ bx+ay)=(1,0)$$

$$\therefore \begin{cases} ax+2by=1 \\ bx+\ ay=0 \end{cases}$$

これをみたす (x,y) が1つ存在するための条件は*

$$a\cdot a-b\cdot 2b=a^2-2b^2\neq0$$

$$\therefore (a,b)\neq(0,0)$$

$\circ\ a^2-2b^2=0 \iff a=\pm b\sqrt{2} \iff a=0,\ b=0 \iff (a,b)=(0,0)$

これによって (a,b) は零元 $(0,0)$ に等しくないならば,逆元 $(a,b)^{-1}$ をもつことがあきらかになった.したがって $E-\{(0,0)\}$ は,乗法について可換群をなす.

以上から E は可換体をなすことがわかった.

E の部分集合 $Q=\{(a,0)\,|\,a\in\boldsymbol{Q}\}$ をみると

$$(a,0)+(b,0)=(a+b,0)$$

$$(a,0)(b,0)=(ab,0)$$

となるから,Q は E の部分体であることがわかる.

この部分体 Q は,有理数体 $\boldsymbol{Q}$ と同型である.なぜかというに,写像

$$f:a\to(a,0)$$

は全射かつ単射で,しかも

$$f(a+b)=(a+b,0)=(a,0)+(b,0)=f(a)+f(b)$$

$$f(ab)=(ab,0)=(a,0)(b,0)=f(a)f(b)$$

---

* 連立方程式

   $ax+by=c$

   $a'x+b'y=c'$

  が,ただ1組の根をもつための必要十分条件は

   $ab'-a'b\neq0$

をみたすからである.

そこで,$(a,0)$ と a を同一視し,$(a,0)=a$ と表わすことにすると,任意の元 (a,b) は

$$(a,b)=(a,0)+(0,b)=(a,0)+(b,0)(0,1)$$
$$\therefore \ (a,b)=a+b(0,1)$$

と表わされる.

さて,ここで現われた $(0,1)$ の正体はなにか.平方してみると

$$(0,1)^2=(0,1)(0,1)=(0\cdot 0+2\cdot 1\cdot 1, \ 0\cdot 1+1\cdot 0)=(2,0)=2$$

となって,$(0,1)$ は2の平方根である.そこで,$(0,1)=\sqrt{2}$ と約束すると

$$(a,b)=a+b\sqrt{2}$$

これで目的を達した.$(0,1)=-\sqrt{2}$ としても,結果は一致する.

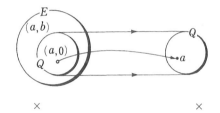

有理数体 $\boldsymbol{Q}$ に $\sqrt{2}$ を添加することによって,拡大体

$$\boldsymbol{Q}[\sqrt{2}]=\{a+b\sqrt{2}\,|\,a,b\in\boldsymbol{Q}\} \qquad ①$$

を導いたと同じ方法によって,拡大体

$$\boldsymbol{Q}[\sqrt{3}]=\{a+b\sqrt{3}\,|\,a,b\in\boldsymbol{Q}\} \qquad ②$$

が作られる.

また $\boldsymbol{Q}$ に $\sqrt{2}$,$\sqrt{3}$ を添加することによって,拡大体

$$\boldsymbol{Q}[\sqrt{2},\sqrt{3}]=\{a+b\sqrt{2}+c\sqrt{3}+d\sqrt{6}\,|\,a,b,c\in\boldsymbol{Q}\}$$

がえられる.

これは ① に $\sqrt{3}$ を添加して作った拡大体とみることも,また ② に $\sqrt{2}$ を添加して作った拡大体ともみられる.

○拡大体 $a+bi$

複素数 $a+bi$ は,実数全体

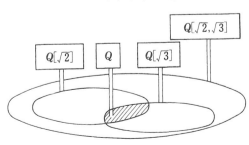

の集合 R に i $(i^2=-1)$ を添加して作った拡大体であるから $R[i]$ で表わされる.

その拡大の要領は，$a+b\sqrt{2}$ の場合と大差ない.

実数 a,b の順序対 (a,b) 全体の集合を C とする.

$$C=R\times R=\{(a,b)\mid a,b\in R\}$$

C の任意の2元 (a,b), (c,d) について，加法と乗法を

$$(a,b)+(c,d)=(a+c,\ b+d)$$
$$(a,b)(c,d)=(ac-bd,\ ad+bc)$$

と定義すると，C は可換体をなすことが容易に確かめられる.

C の部分集合

$$R=\{(a,0)\mid a\in R\}$$

に目をつけると

$$(a,0)+(b,0)=(a+b,0)$$
$$(a,0)(b,0)=(ab,0)$$

となるから，R は C の部分体である. ここで，R から R への写像として

$$f:a\to(a,0)$$

を選ぶと，これは全射かつ単射で，しかも

$$f(a+b)=f(a)+f(b)\qquad f(ab)=f(a)f(b)$$

が成り立つから，R は R と同型であることがわかる.

そこで $(a,0)$ を a と同一視し，$(a,0)$ を a で表わすことにしてみる.

任意の元 (a,b) に対して

$$(a,b)=(a,0)+(0,b)=(a,0)+(b,0)(0,1)=a+b(0,1)$$

ここで $(0,1)$ の正体をみるため平方してみると

$$(0,1)^2=(0,1)(0,1)=(0\cdot0-1\cdot1,\ 0\cdot1+1\cdot0)$$
$$=(-1,0)=-1$$

$(0,1)$ は平方すると -1 になる数であることがわかった. これを i で表わすことにすると $(a,b)=a+bi$ となるから

$$C=\{a+bi\mid a,b\in R\}$$

○環から体を作ること

環をもとにして体を作る最も身近な方法は，整数をもとにして，有理数を作る方法の一般化である.

a,b $(b \neq 0)$ を整数とするとき，$\dfrac{a}{b}$ の形の数全体の集合が有理数であった．すなわち

$$\left\{ \frac{a}{b} \,\middle|\, a,b \in \mathbf{Z},\ b \neq 0 \right\}$$

これを論理的に明確に定義するには，2つの整数の順序対 $(a,b)(b \neq 0)$ 全体の集合

$$Q = \{(a,b) \mid a \in \mathbf{Z},\ b \in \mathbf{Z} - \{0\}\}$$

で，まず，同値関係を次のように定める．

$$(a,b) \sim (c,d) \iff ad = bc$$

これが同値関係であることは容易に証明されよう．

これによって，Q は無限の同値類にわけられる．たとえば

$$\begin{cases} (1,2),\ (2,4),\ (3,6),\ (4,8),\ \cdots \\ (-1,-2),\ (-2,-4),\ (-3,-6),\ (-4,-8),\ \cdots \end{cases}$$

は1つの類である．この類は，これに属する任意の元で代表させることができる．そして (a,b) を含む元は $C(a,b)$ で表わそう．上の類ならば

$$C(1,2),\quad C(2,4),\quad C(-2,-4)$$

などで表わせばよい．

ここで，類の集合

$$\mathbf{Q} = \{C(a,b) \mid (a,b) \in Q\}$$

において，加法と乗法を次のように定める．

$(a,b) + (c,d) = (ad + bc, bd)$　ならば

$$C(a,b) + C(c,d) = C(ad + bc, bd)$$

$(a,b)(c,d) = (ac, bd)$　ならば

$$C(a,b) \cdot C(c,d) = C(ac, bd)$$

加法は
$$\frac{a}{b} + \frac{c}{d} = \frac{ad + bc}{bd}$$
乗法は
$$\frac{a}{b} \times \frac{c}{d} = \frac{ac}{bd}$$
を参考にして定める．

このように定めると，零元は $C(0,a)$ で，$C(a,b)$ の反元は $C(-a,b)$ になり，$\mathbf{Q}$ は可換環をなすことがわかる．

さらに，単位元は $C(a,a)$ で，$C(a,b) \neq C(0,b)$ のときは，$C(a,b)$ には逆元 $C(b,a)$ のあることもあきらかにできるので，$\mathbf{Q}$ は可換体をなすことが知られよう．

この体の部分集合 $Z = \{C(a,1) \mid a \in \mathbf{Z}\}$ においては

$$C(a,1) + C(b,1) = C(a+b,1)$$

$$C(a,1) \cdot C(b,1) = C(ab,1)$$

となるから，Z は Q の部分体である．

この部分体は 実は $\mathbf{Z}$ と同型である．なぜかというに，$\mathbf{Z}$ から Z への写像として

$$f : a \rightarrow C(a,1)$$

を選ぶと，これは全射かつ単射で，しかも

$$f(a+b) = f(a) + f(b) \qquad f(ab) = f(a)f(b)$$

をみたすからである．

同型ならば，同一視してもよいから，$C(a,1)$ を a で表わすことにすれば

$$C(a,b) = C(a,1) \cdot C(1,b) = C(a,1) \cdot C^{-1}(b,1) = a \cdot b^{-1}$$
$$C(a,b) = C(1,b) \cdot C(a,1) = C^{-1}(b,1) \cdot C(a,1) = b^{-1} \cdot a$$

ここで，$a \cdot b^{-1} = b^{-1} \cdot a = \dfrac{a}{b}$ で表わすことに約束すれば

$$C(a,b) = \frac{a}{b}$$

すなわち

$$Q = \left\{ \frac{a}{b} \mid a \in \mathbf{Z}, b \in \mathbf{Z} - \{0\} \right\}$$

となって，小学校以来親しんできた有理数が公理的に導かれる．

×   ×

以上の方法は，環 E が可換で，零因子をもたない限り，つねに適用できるもので，このようにして導いた体を E の**商体**という．

例3 $E = \{0,1,2,3,4\}$ で，mod 5 の加法，乗法を選んだ環は，可換で，かつ零因子をもたないから，以上の方法で商体が作られる．

しかし，E はもともと可換体だから，商体を作ってみても E と同型である．

代表

$$
\begin{aligned}
0 &\sim \frac{0}{2} \sim \frac{0}{3} \sim \frac{0}{4} \rightarrow 0 \\
1 &\sim \frac{2}{2} \sim \frac{3}{3} \sim \frac{4}{4} \rightarrow 1 \\
2 &\sim \frac{4}{2} \sim \frac{1}{3} \sim \frac{3}{4} \rightarrow 2 \\
3 &\sim \frac{1}{2} \sim \frac{4}{3} \sim \frac{2}{4} \rightarrow 3 \\
4 &\sim \frac{3}{2} \sim \frac{2}{3} \sim \frac{1}{4} \rightarrow 4
\end{aligned}
\left. \rule{0pt}{110pt} \right\} E \text{と同じもの.}
$$

2 が $\dfrac{1}{3}$ や $\dfrac{3}{4}$ と同値なのは奇妙に思われるかもしれないが，同値の定義にもとづいて確かめれば納得されよう.

$$2 \times 3 \equiv 1 \times 1 \quad (\text{mod } 5) \qquad \therefore \quad \dfrac{2}{1} \sim \dfrac{1}{3} \quad \therefore \quad 2 \sim \dfrac{1}{3}$$

$$2 \times 4 \equiv 1 \times 3 \quad (\text{mod } 5) \qquad \therefore \quad \dfrac{2}{1} \sim \dfrac{3}{4} \quad \therefore \quad 2 \sim \dfrac{3}{4}$$

§4 ベクトル空間

ベクトル空間 V というのは，すでに高校で学んだように，加法,減法,実数倍の3つの演算をもっているが，減法は加法の逆算だから，実質は加法と実数倍の2つとみてよい.

V は加法については可換群，すなわち加群をなす.

V の実数倍は，実数とベクトルとの積で，その積はベクトルである.

加法は内演算である.

実数倍は外演算で，$\boldsymbol{R}$ は作用団，$\boldsymbol{R}$ の元は作用子とみて，V を $\boldsymbol{R}$-加群 ともいう.

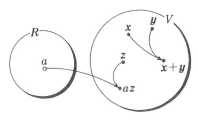

一般に加群 E と環 R とがあって，次の条件をみたすとき，E を $\boldsymbol{R}$-左加群 または単に $\boldsymbol{R}$-加群 という.

R の元を a, b とし，E の元を $\boldsymbol{x}, \boldsymbol{y}$ とするとき

（1） $a\boldsymbol{x} \in E$

（2） $a(\boldsymbol{x}+\boldsymbol{y}) = a\boldsymbol{x}+a\boldsymbol{y}$

（3） $(a+b)\boldsymbol{x} = a\boldsymbol{x}+b\boldsymbol{x}$

（4） $a(b\boldsymbol{x}) = (ab)\boldsymbol{x}$

（5） $1\boldsymbol{x} = \boldsymbol{x}$

また，次の場合には $\boldsymbol{R}$-右加群 という.

（1′） $\boldsymbol{x}a \in E$

（2′） $(\boldsymbol{x}+\boldsymbol{y})a = \boldsymbol{x}a+\boldsymbol{y}a$

（3′） $\boldsymbol{x}(a+b) = \boldsymbol{x}a+\boldsymbol{x}b$

（4′） $(\boldsymbol{x}b)a = \boldsymbol{x}(ba)$

（5′）　$x1 = x$

例1　2つの実数の順序対 (x_1, x_2) 全体の集合を E, すなわち

$$E = R \times R$$

とし, 作用団として実数全体の集合 R をとり, 演算を次のように定めたのが, 2次のベクトル空間（実ベクトル空間）である.

$x = (x_1, x_2)$, $y = (y_1, y_2)$ のとき

$$x + y = (x_1 + y_1, \ x_2 + y_2)$$

$a \in R$ のとき

$$ax = (ax_1, ax_2)$$

加群になることは, 零元 $0 = (0, 0)$ があり, 任意の元 $x = (x_1, x_2)$ に対して反元 $-x = (-x_1, -x_2)$ があることからあきらかであろう.

また作用素について(2),(3),(4),(5)をみたすことも, 確かめられる.

例2　複素数全体の 集合 C は 可換群であるが, R-加群 とみることもできる.

加法としては複素数の加法

$$(x + yi) + (u + vi) = (x + u) + (y + v)i$$

を選ぶ. 実数倍は R の元 a に対して

$$a(x + yi) = ax + ayi$$

を選べばよい.

例3　有限なベクトル空間の例はいくらでも作ることができる. たとえば, $R = \{0, 1, 2, 3\}$ で mod 4 の加法, 乗法を考えた可換環をとり,

$E = R \times R$ の元 (x_1, x_2), (x_2, y_2) について, 加法として

$$(x_1, x_2) + (y_1, y_2) = (x_1 + y_1, \ x_2 + y_2)$$

R の元 a と E の元 (x_1, x_2) の積としては

$$a(x_1, x_2) = (ax_1, ax_2)$$

をとってみよ.

これはあきらかに有限なベクトル空間で, 元の数は 16 個である. 演算の一例を示せば

$$(3, 2) + (1, 4) = (0, 1)$$

$$3(1, 3) = (3, 1)$$

例4　実数についての $(2, 2)$ 型マトリックス全体の集合 $(E, +, \times)$ では

加法 $\begin{pmatrix} a & b \\ c & d \end{pmatrix} + \begin{pmatrix} a' & b' \\ c' & d' \end{pmatrix} = \begin{pmatrix} a+a' & b+b' \\ c+c' & d+d' \end{pmatrix}$

乗法 $\begin{pmatrix} a & b \\ c & d \end{pmatrix}\begin{pmatrix} a' & b' \\ c' & d' \end{pmatrix} = \begin{pmatrix} aa'+bc' & ab'+bd' \\ ca'+dc' & cb'+dd' \end{pmatrix}$

をとると，環をなすことは，すでにご存じかと思う．

　この環で

零元：$\begin{pmatrix} 0 & 0 \\ 0 & 0 \end{pmatrix}$　　　単位元：$\begin{pmatrix} 1 & 0 \\ 0 & 1 \end{pmatrix}$

であるから，単位元をもつ非可換環である．

　ここでいま，特殊な元

$$\begin{pmatrix} a & 0 \\ 0 & a \end{pmatrix}$$

に目をつけてみよう．この種の元全体の集合を R とすると，R は E の部分集合で，しかも，加法, 減法の結果は

$$\begin{pmatrix} a & 0 \\ 0 & a \end{pmatrix} + \begin{pmatrix} b & 0 \\ 0 & b \end{pmatrix} = \begin{pmatrix} a+b & 0 \\ 0 & a+b \end{pmatrix}$$

$$\begin{pmatrix} a & 0 \\ 0 & a \end{pmatrix}\begin{pmatrix} b & 0 \\ 0 & b \end{pmatrix} = \begin{pmatrix} ab & 0 \\ 0 & ab \end{pmatrix}$$

となって，いずれも R に属するから，R は E の部分環である．しかも，単位元 $\begin{pmatrix} 1 & 0 \\ 0 & 1 \end{pmatrix}$ をもち，$\begin{pmatrix} a & 0 \\ 0 & a \end{pmatrix} \neq \begin{pmatrix} 0 & 0 \\ 0 & 0 \end{pmatrix}$ のときは，$\begin{pmatrix} a & 0 \\ 0 & a \end{pmatrix}$ は逆元 $\begin{pmatrix} a^{-1} & 0 \\ 0 & a^{-1} \end{pmatrix}$ をもつから，R は可換体である．

　この E の部分体 R は，実は実数全体の集合 $\boldsymbol{R}$ と同型である．このことは，$\boldsymbol{R}$ から R への写像として

$$f : a \rightarrow \begin{pmatrix} a & 0 \\ 0 & a \end{pmatrix}$$

をとると，全射かつ単射になり，しかも

$$f(a+b) = f(a) + f(b)$$
$$f(ab) = f(a)f(b)$$

をみたすからである．

　そこでいま，$\begin{pmatrix} a & 0 \\ 0 & a \end{pmatrix}$ と a を同一視し，前者を a で表わすことにすると

$$a\begin{pmatrix} x & y \\ z & u \end{pmatrix} = \begin{pmatrix} a & 0 \\ 0 & a \end{pmatrix}\begin{pmatrix} x & y \\ z & u \end{pmatrix} = \begin{pmatrix} ax & ay \\ az & au \end{pmatrix}$$

となる．これは，$(E, +)$ が，$\boldsymbol{R}$-左加群 ともみられることを意味する．

同様にして，$(E, +)$ は R-右加群 にもなる．

$$a\begin{pmatrix} x & y \\ z & u \end{pmatrix} = \begin{pmatrix} x & y \\ z & u \end{pmatrix}a = \begin{pmatrix} x & y \\ z & u \end{pmatrix}\begin{pmatrix} a & 0 \\ 0 & a \end{pmatrix} = \begin{pmatrix} xa & ya \\ za & ua \end{pmatrix}$$

結局 $(E, +)$ は R-加群 である．

（マトリックスの本をみると，ふつう，実数倍はマトリックスの積とは別に導入してあるが，上のように考えれば，積から実数倍が誘導される．）

∘内積

ベクトル空間 V では，内積と称する，変った演算を追加することができる．

内積は2つのベクトルに1つの実数を対応させるもので

$$V \times V \text{ から } R \text{ への写像}$$

とみることもできる．

x, y の内積を $x \cdot y$ で表わしてみよう．

V を2次元の実ベクトル空間とすると

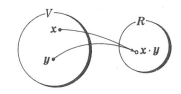

$$x = (x_1, x_2) \qquad y = (y_1, y_2)$$

のとき

$$x \cdot y = x_1 y_1 + x_2 y_2$$

によって定義される．

この内積について，次の法則が成り立つことは，説明するまでもなかろう．

（6）　$x \cdot y = y \cdot x$

（7）　$a(x \cdot y) = (ax) \cdot y = x \cdot (ay)$

（8）　$x \cdot (y + z) = x \cdot y + x \cdot z$

∘ノルム

ベクトル空間は内積があれば，ノルム，すなわちベクトルの大きさを次の方法で導入できる．

任意のベクトル x に対して $\sqrt{x \cdot x}$ をノルムといい，$\|x\|$ または $|x|$ で表わす．このノルムはベクトル空間 V から R への写像 f である．

$$f : x \rightarrow \|x\|$$

このノルムに，次の性質のあることは，簡単に証明できる．

N_0.　$\|x\| \geqq 0$

N_1.　$\|x\| = 0 \Leftrightarrow x = 0$

N_2.　$a \in R$ のとき $\|ax\| = |a|\,\|x\|$

$N_3.$ $\|x+y\| \leqq \|x\| + \|y\|$

§5 束

簡単な実例を話の糸口としよう.

集合 $E=\{1,2,3,\cdots,9\}$ で，2数 x,y の最大値を $x \cup y$，最小値を $x \cap y$ で表わしてみる．これは，次の定め方と実質は同じである.

$$x \leqq y \iff x \cup y = y$$
$$x \leqq y \iff x \cap y = x$$

$\cup, \cap$ はともに2つの数に対して1つの数を定める写像だから，2項演算である.

これらの演算については次の等式が成り立つ.

結合律	$(x \cup y) \cup z = x \cup (y \cup z)$	$(x \cap y) \cap z = x \cap (y \cap z)$
可換律	$x \cup y = y \cup x$	$x \cap y = y \cap x$
吸収律	$(x \cup y) \cap x = x$	$(x \cap y) \cup x = x$
巾等律	$x \cup x = x$	$x \cap x = x$
分配律	$x \cap (y \cup z) = (x \cap y) \cup (x \cap z)$	$x \cup (y \cap z) = (x \cup y) \cap (x \cup z)$

以上のうち，結合律,可換律,巾等律は自明に近い．吸収律は $x \leqq y$ の場合と $y \leqq x$ の場合に分けて確かめればよい．少しやっかいなのは分配律であろう．しかし，これも，初歩的ではあるが，次の3つの場合に分けて証明するのであったらやさしい.

$$x \leqq y \leqq z, \qquad y \leqq x \leqq z, \qquad y \leqq z \leqq x$$

5つの法則は，集合の交わり,結びの場合と全く同じである．このことから，集合の演算も，順序関係に縁の深いことが推測される．集合に関する順序といえば，最初に頭に浮かぶのは包含関係である．したがって，x,y を集合とするとき，包含関係によって $\cup, \cap$ を定義するには

$$x \subset y \iff x \cup y = y$$
$$x \subset y \iff x \cap y = x$$

とすればよさそうである.

たしかに，x,y に包含関係が あるときは，これでよいのだが，このままで

は，包含関係のないときに $x \cup y$, $x \cap y$ が定義されないことになって，適用範囲がせばめられる．たとえば

$$x = \{a, b\}, \qquad y = \{b, c\}$$

の場合に $x \cup y$, $x \cap y$ が定まらない．

○ 上限と下限

適用範囲を拡大する1つの方法は，x, y の最大元，最小元の代りに，上限と下限を選ぶ方法である．

順序集合 $(E, \leqq)$ の部分集合を A とするとき，A のどの元よりも小さくない E の元を，A の**上界**といい，上界全体の集合の最小元を A の**上限**という．

A の上限は $\sup A$ で表わす．

例1　$E = \{1, 2, 3, 4, 6, 9, 12, 18, 24, 90\}$

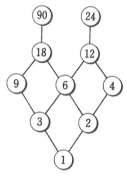

において，x が y の約数であることは順序であったから，$x \leqq y$ で表わしてみる．

E の部分集合

$$A = \{3, 4, 6\}$$

に目をつけると，12 と 24 は A のどの元よりも大きいから A の上界である．そして上界の集合 $\{12, 24\}$ の最小元は 12 であるから，これが A の上限である．

$$\therefore \quad \sup A = 12$$

部分集合 $B = \{6, 9, 18\}$ のときは，上界は 18 と 90 で，$\{18, 90\}$ の最小元は 18 であるから

$$\sup A = 18$$

部分集合 $C = \{4, 3, 9\}$ の場合は，C のすべての元 4, 3, 9 よりも大きい元がないから C には上界がなく，したがって上限もない．

　　　　　　　　×　　　　　　　　　　　　　×

下界と下限も同様にして定義される．$(E, \leqq)$ の部分集合を A とするとき，A のどの元よりも大きくない E の元を，A の**下界**といい，下界全体の集合の最大元を A の**下限**という．

A の下限は $\inf A$ で表わす．

例2　例1の集合でみると $D = \{12, 18\}$ の下界は 6, 3, 2, 1 で，下界の集合

$\{6,3,2,1\}$ の最大元は 6 であるから

$$\inf D = 6$$

部分集合 $F = \{6,3,9\}$ の下界は $3,1$ で，下界の集合 $\{3,1\}$ の最大元は 3 だから

$$\inf F = 3$$

× ×

上の例からわかるように，A の上限や下限は存在するとは限らない．また存在したとしても，それが A に属するとも限らない．A の最大元,最小元も存在するとは限らないが，しかし存在したとすれば，A に属する．

どんな部分集合をとっても，上限と下限の存在する例をあげてみよう．

例3 30 の約数の集合

$E = \{1,2,3,5,6,10,15,30\}$

において，x は y の約数であることを $x \leqq y$ で表わす．

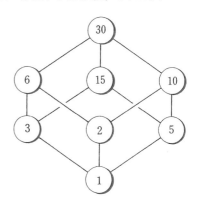

この順序集合では，どんな部分集合 A をとっても，必ず上限と下限がある．たとえば $A = \{1,6,15\}$ では

$$\sup A = 30, \qquad \inf A = 1$$

また $B = \{2,6\}$ では

$$\sup B = 6 \qquad \inf B = 2$$

。**順序から交わりと結びへ**

準備がととのったから，順序関係を用いて，2つの演算の定義を試みる．

順序集合 $(E, \leqq)$ において，2つの元 x, y の上限を $x \cup y$ で，下限を $x \cap y$ で表わすことにすると，$\cup$ と $\cap$ はともに演算になる．$\cup$ を**結び**，$\cap$ を**交わり**ということにしよう．

$$x \cup y = \sup\{x,y\} \qquad x \cap y = \inf\{x,y\}$$

$\{x,y\}$ の上限 s というのは，$\{x,y\}$ の上界の最小元であったから，この内容を命題で表わすと，次の2つになる．

。 s は $\{x,y\}$ の上界の1つだから，x,y より小さくなることはない．すなわち

$$s \geqq x,y$$

○ sは上界のうち最小のものだから，$\{x,y\}$のどんな上界pをとってもpより大きくなることはない．すなわち

$$x,y \leqq p \quad \text{ならば} \quad s \leqq p$$

逆に上の2つの条件をみたす元pがあったとすれば，それは$\{x,y\}$の上限だから$x \cup y$に等しい．

また$\{x,y\}$の下限iというのは，$\{x,y\}$の下界の最大元であったから，次の2つにわけて定義される．

○ iは$\{x,y\}$の下界の1つだから，x,yより大きくなることはない．すなわち

$$i \leqq x,y$$

○ iは下界のうち最大のものだから，$\{x,y\}$のどんな下界qをとっても，qより小さくなることはない．すなわち

$$x,y \geqq q \quad \text{ならば} \quad i \geqq q$$

○結びと交わりについての法則

上のように順序によって定めた演算$\cup$，$\cap$についても，結合律,可換律,吸収律は成り立つのである．

結合律

（1） $(x \cup y) \cup z = x \cup (y \cup z)$　　　（1′） $(x \cap y) \cap z = x \cap (y \cap z)$

可換律

（2） $x \cup y = y \cup x$　　　　　　　　（2′） $x \cap y = y \cap x$

吸収律

（3） $(x \cup y) \cap x = x$　　　　　　　（3′） $(x \cap y) \cup x = x$

これらのうち可換律は結びと交わりの定義から自明である．他の法則は自明でかたずけるわけにはいかないだろう．

（1）の証明

左辺をL，右辺をRとする．$L=R$を証明するには，$L \leqq R$と$L \geqq R$を証明すればよい．

上限の意味から　$x \cup y,\ z \leqq L$

ところが $x,y \leqq x \cup y$ だから

$$x,y,z \leqq L \qquad\qquad\qquad ①$$

$$\therefore\ y,z \leqq L$$

この式は，L が $\{y,z\}$ の上界であることを示す．上限≦上界 だから

$$y \cup z \leqq L$$

一方 ① から $x \leqq L$ だから，L は $\{x, y \cup z\}$ の上界である．そこで，再び上限≦上界 によって

$$x \cup (y \cup z) \leqq L \qquad \therefore R \leqq L$$

全く同様の手順によって　　$L \leqq R$

$$\therefore L = R$$

（1′）も同様にして証明される．

（2）の証明

左辺を L とすると $L \leqq x$ はあきらかだから $L \geqq x$ を証明すればよい．上限は上界の1つだから $x \cup y \geqq x$，一方 $x \geqq x$

よって，x は $\{x \cup y, x\}$ の下界である．下限≦下界 によって

$$(x \cup y) \cap x \geqq x \qquad \therefore L \geqq x$$

$$\therefore L = x$$

× ×

以上の法則のほかに，巾等律の成り立つことは自明であろう．

巾等律

（4）　$x \cup x = x$ 　　　　　　　　（4′）　$x \cap x = x$

では，分配律はどうか．簡単な実例にあたってみる．

$E = \{1, 2, 6, 10, 18, 90\}$ で，x は y の約数であることを $x \leqq y$ で表わしてみる．

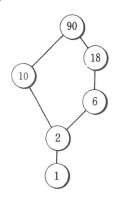

E から3つの元 $6, 10, 18$ を選んでみると

$$(6 \cup 10) \cap 18 = 90 \cap 18 = 18$$

$$(10 \cap 18) \cup (6 \cap 18) = 2 \cup 6 = 6$$

$$\therefore (6 \cup 10) \cap 18 \neq (6 \cap 18) \cup (10 \cap 18)$$

また　$(10 \cap 18) \cup 6 = 2 \cup 6 = 6$

$$(6 \cup 10) \cap (18 \cup 6) = 90 \cap 18 = 18$$

$$\therefore (10 \cap 18) \cup 6 \neq (10 \cup 6) \cap (18 \cup 6)$$

このように，分配律は成り立つとは限らない．しかし分配律に代わるものとして，次の不等式の成り立つことは証明できる．

（5）　$(x \cup y) \cap z \geqq (x \cap z) \cup (y \cap z)$

（5′）　$(x \cap y) \cup z \leqq (x \cup z) \cap (y \cup z)$

（5）を証明してみよう.

左辺を L とすると $L = (x \cup y) \cap z$ から $L \geqq (x \cup y) \cap z$

$\qquad \therefore L \geqq x \cup y$　または　$L \geqq z$

$\qquad (L \geqq x$ かつ $L \geqq y)$　または　$L \geqq z$

$\quad \therefore (L \geqq x$ または $L \geqq z)$ かつ $(L \geqq y$ または $L \geqq z)^{*}$

$\qquad \therefore L \geqq x \cap z$　かつ　$L \geqq y \cap z$

$\qquad\quad \therefore L \geqq (x \cap z) \cup (y \cap z)$

（5′）も同様にして証明される.

○束

　集合 $(E, \leqq)$ が, 2つの演算 $\cap, \cup$ について閉じているとき, すなわち, E の任意の2元 x, y に対して, $\{x, y\}$ の上限と下限が必ず存在するとき, E を束という.

　以上でみたように, 束は $\cap$ について結合律と可換律をみたすから, $\cap$ について可換半群をなす. 同じ理由で $\cup$ についても可換半群をなす. しかも, 吸収律という, 変わった法則をみたしていた.

　束では, 分配律は一般には成り立たなかった. とくに分配律の成り立つ束は**分配束**という.

　例4　$E = \{a, b, c, d\}$ に右のハッセ図式で示される順序 $\leqq$ が与えられているとき, 束 $(E, \leqq)$ は分配束である.

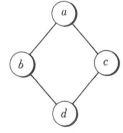

○束の公理

　われわれは以上で, 順序をもとに結びと交わりを定義し, 束を作り, 3つの法則

$\qquad$ 結合律　　可換律　　吸収律

の成り立つことをあきらかにした.

　しかし, これとは全く逆に, これらの3法則をもとにして, 順序を定義することもできるのである.

　すなわち, 集合 E に, 2つの演算, 結び $\cup$, 交わり $\cap$ があって, これらは,

＊　論理における分配法則　$(p \wedge q) \vee r \Leftrightarrow (p \vee r) \wedge (q \vee r)$ による.

次の法則をみたすと仮定してみよう.

（1） $(x \cup y) \cup z = x \cup (y \cup z)$ （1'） $(x \cap y) \cap z = x \cap (y \cap z)$

（2） $x \cup y = y \cup x$ （2'） $x \cap y = y \cap x$

（3） $(x \cup y) \cap x = x$ （3'） $(x \cap y) \cup x = x$

これらをもとにして，順序を定義するにはどうすればよいだろうか.

集合の場合に $A \subset B$ ならば $A \cup B = B$ であったし，この逆もまた正しかった. これをヒントとし，上の演算でも，$x \cup y = y$ のとき $x \leqq y$ と表わしてみよう.

（4） $x \leqq y \Leftrightarrow x \cup y = y$

関係 $\leqq$ は順序関係であることをあきらかにするには，次の3つの条件をみたすことを示せばよい.

O_1 $x \leqq x$

O_2 $x \leqq y,\ y \leqq x$ ならば $x = y$

O_3 $x \leqq y,\ y \leqq z$ ならば $x \leqq z$

O_1 の証明

これを証明するには $x \cup x = x$ を証明すればよい.（3'）の y を $x \cup y$ におきかえると

$$(x \cap (x \cup y)) \cup x = x$$

可換律と（3）によって $x \cap (x \cup y) = (x \cup y) \cap x = x$

$$\therefore\ x \cup x = x$$

よって（4）によって $x \leqq x$

O_2 の証明

$x \leqq y,\ y \leqq x$ から $x \cup y = y,\ y \cup x = x$

ところが可換律によって $x \cup y = y \cup x$ であるから

$$x = y$$

O_3 の証明

仮定 $x \leqq y,\ y \leqq z$ から $x \cup y = y,\ y \cup z = z$，この2式から $x \cup z = z$ を導けばよい. $x \cup z$ の z を $y \cup z$ でおきかえて

$$x \cup z = x \cup (y \cup z)$$

結合律によって

$$x \cup z = (x \cup y) \cup z$$

$x \cup y$ を y でおきかえ，さらに $y \cup z$ を z でおきかえると

$$x \cup z = y \cup z = z$$

$$\therefore \ x \leqq z$$

以上によって，関係 $\leqq$ は順序であることがあきらかにされた．

○補元

　一般の束 E には，最大元や最小元が存在するとは限らない．たとえば自然数は，ふつうの大小関係 $\leqq$ について束をなし，最小元は1であるが最大元は存在しない．また整数全体では最小元も最大元も存在しない．

　集合 $\{a, b, c\}$ の巾集合で，順序として $\subset$ を選ぶと，束をなし，最小元は ϕ，最大元は $\{a, b, c\}$ である．

　束 E に最大元と最小元が存在するとき，それをそれぞれ I, O で表わしてみる．

　E の元 a に対して

$$a \cup x = I, \quad a \cap x = O$$

をみたす元 x が存在するとき，x を a の**補元**といい a^c または a' で表わす．

　この定義から，x の補元は a でもあるから $(a^c)^c = a$ である．ふつう $(a^c)^c$ を a^{cc} で表わすから

$$a^{cc} = a$$

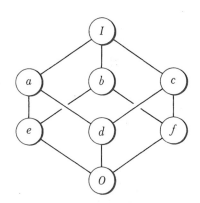

例5　右のハッセ図式でみると，a に対して f を選べば

$$a \cup f = I, \quad a \cap f = O$$

となるから，f は a の補元である．

$$\therefore \ f = a^c$$

　f のほかの元は，どれをとっても a の補元にはならない．c を選んでみると

$$a \cup c = I \quad \text{しかし} \quad a \cap c = d \neq \phi$$

例6　右のハッセ図式の場合には，x に対して z をとると

$$x \cup z = I, \quad x \cap z = O$$

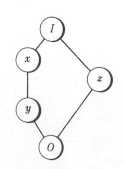

だから, z は x の補元である.

　もちろん, x は z の補元でもある.

　また z に対して y を選んでも

$$z \cup y = I, \quad z \cap y = O$$

だから, y は z の補元でもある. つまり, z には2つの補元がある.

。ブール束

　束 $(E, \cup, \cap)$ が, さらに次の3条件をみたすとき, **ブール束**または**ブール代数**という.

　（5）　分配律をみたす.

$$x \cap (y \cup z) = (x \cap y) \cup (x \cap z) \qquad x \cup (y \cap z) = (x \cup y) \cap (x \cup z)$$

　（6）　最大元 I と最小元 O とが存在する.

　　すなわち E の任意の元 x に対して

$$I \geqq x \geqq O$$

　　をみたす2元 I, O が存在する.

　（7）　任意の元 x に対して, その補元 x^c が存在する.

　ブール束の代表的なものは, 共通部分と合併とを考えた巾集合である.

　例7　自然数 n を素因数分解したとき

$$n = pqr\cdots \qquad (p, q, r, \cdots \text{ は異なる素数})$$

となるならば, n のすべての正の約数の集合を E とし, E の2元 x, y に対して, 2つの演算 $\cup, \cap$ を

$$x \cup y = (x, y \text{ の最小公倍数})$$

$$x \cap y = (x, y \text{ の最大公約数})$$

と定めるならば, $(E, \cup, \cap)$ はブール束をなす.

　たとえば $30 = 2 \times 3 \times 5$ だから, この約数の集合

$$E = \{1, 2, 3, 5, 6, 10, 15, 30\}$$

は上の演算に対して束をなす.

　しかし $12 = 2^2 \times 3$ の約数の集合

$$E = \{1, 2, 4, 3, 6, 12\}$$

は, 上の演算に対して束をなさない.

　なぜかというに, 最大元 12, 最小元 1

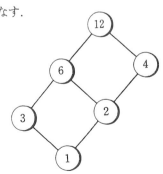

をもつが，6や2に対する補元は存在しないからである.

×　　　　　　　　　　　　×

ブール束の条件（7）をみると，任意の元に対して補元の存在は保証しているが，一意性は保証していない．しかし，分配律（5）があるために，補元の一意性は導かれる.

（8）　元 x の補元は1つしかない.

これを証明してみる.

x に2つ以上の補元があったとしよう．その中の2元を a, b $(a \neq b)$ とすると，補元の定義によって

$$x \cup a = I \qquad x \cap a = O$$
$$x \cup b = I \qquad x \cap b = O$$

一方 $a \leqq I$ から　　　　　$a \cap I = a$

$$\therefore \ a = a \cap I = a \cap (x \cup b) = (a \cap x) \cup (a \cap b)$$
$$= (x \cap a) \cup (a \cap b) = O \cup (a \cap b)$$

しかるに　$O \leqq a \cap b$ から　$O \cup (a \cap b) = a \cap b$

$$\therefore \ a = a \cap b$$

上の計算は a, b をいれかえても成り立つから

$$b = b \cap a$$
$$\therefore \ a = b$$

これは $a \neq b$ に矛盾する.

×　　　　　　　　　　　　×

集合では ド・モルガン の法則が成り立った．このことは，一般のブール束でもいえる.

（9）　$(x \cup y)^c = x^c \cap y^c$ 　　　　　（9′）　$(x \cap y)^c = x^c \cup y^c$

たとえば（9）を証明してみる．$x^c \cap y^c$ が $x \cup y$ の補元になることを示せばよいのだから，これら2元の結びは I に，交わりは O になることを あきらかにすればよい．分配律を用いると

$$(x \cup y) \cup (x^c \cap y^c) = (x \cup y \cup x^c) \cap (x \cup y \cup y^c)$$
$$= (I \cup y) \cap (x \cup I) = I \cap I = I$$
$$(x \cup y) \cap (x^c \cap y^c) = (x \cap x^c \cap y^c) \cup (y \cap x^c \cap y^c)$$
$$= (O \cap y^c) \cap (x^c \cap O) = O \cap O = O$$

よって，$x^c \cap y^c$ は $x \cup y$ の補元である.

練 習 問 題 5

問題

1. 群 E の元を a とおき，次の等式を証明せよ．

（1）$a^5a^{-2}=a^3$

（2）$a^{-3}a^{-2}=a^{-5}$

2. $E=\{0,1\}$ で，mod 2 の加法と乗法を考え，さらに

$F=\{(x,y)\,|\,x,y\in E\}$

で，加法，乗法を

$(x,y)+(x',y')$
$\qquad=(x+x',x+y')$

$(x,y)(x',y')=(xx',yy')$

と定めると，F は可換環をなす．

F には零因子があるか．

3. 環 E が零因子をもたないならば，E の 0 でない元を x とすると

（1）$a=b \Leftrightarrow ax=bx$

（2）$a=b \Leftrightarrow xa=xb$

であることを証明せよ．

4. a,b が整数のとき複素数 $a+bi$ をガウス整数という．ガウス整数全体の集合 G は環をなすことを示せ．また逆元をもつのはどんな元か．

5. a,b が整数のとき $a+b\sqrt{2}$ の形の数全体の集合 E は環をなすことを示せ．

この環で，$3+2\sqrt{2}$ の逆元を

ヒントと略解

1.（1）$a^5a^{-2}=a^3a^2a^{-2}=a^3a^2(a^2)^{-1}$
$\qquad\qquad=a^3\cdot1=a^3$

（2）$a^{-3}a^{-2}=(a^3)^{-1}(a^2)^{-1}=(a^2a^3)^{-1}$
$\qquad\qquad=(a^5)^{-1}=a^{-5}$

2. F の元は

$(0,0),\ (1,0),\ (0,1),\ (1,1)$ の 4 つ．

零元は $(0,0)$ で，$(1,0)(0,1)=(0,0)$ だから

零因子は $(1,0)$ と $(0,1)$

3. $a=b \Rightarrow ax=bx$ はあきらか．

逆に $ax=bx \Rightarrow ax-bx=0 \Rightarrow (a-b)x=0$

$x\neq0$ で，E は零因子をもたないから

$a-b=0$ ∴ $a=b$

（2）も同様．

4. 和,差,積がともにガウス整数になることをいえばよい．

$a+bi$ に逆元 $x+yi$ があったとすると

$(a+bi)(x+yi)=1$

$(a^2+b^2)x=a,\ (a^2+b^2)y=-b$

これをみたす整数 a,b,x,y を求めよ．$1,-1,$
$i,-i$ にはそれぞれ逆元 $1,-1,-i,i$ がある．

5. E の 2 数の和,差,積が E に属することを示せ．

$(3+2\sqrt{2})(x+y\sqrt{2})=1$ を解いて，求める逆元は $3-2\sqrt{2}$

6. 同型写像でない．

$f(m+n)=2(m+n)=2m+2n=f(m)+f(n)$

であるが

$f(mn)=2mn$

$f(m)\cdot f(n)=2m\cdot2n=4mn$

よって一般には $f(mn)=f(m)f(n)$ とはならな

求めよ．

6. 整数全体の集合を A，2の倍数全体の集合を B とすると，A，B はともに環である．

A から B への写像 f を

$$f : n \to 2n$$

と定める，f は同型写像であるか．

7. a,b,c,d が整数で，$bd \neq 0$ のとき $(a,b) \sim (c,d) \Leftrightarrow ad=bc$ と定めると，関係 $\sim$ は同値関係になることを証明せよ．

8. 次のハッセ図式で，元 a の補元はどれか．c には補元があるか．

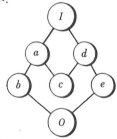

9. 分配律の成り立つ束では，$x \leqq z$ のとき

$$x \cup (y \cap z) = (x \cup y) \cap z$$

が成り立つことを証明せよ．

10. 整数全体の集合 Z のイデアルは，1つの正の整数の倍数の集合になることを証明せよ．

い．

7. 反射的，対称的であることはあきらか．

$(a,b) \sim (c,d)$，$(c,d) \sim (e,f)$ とすると

$$ad=bc, \quad cf=de \Rightarrow adcf=bcde$$

$$dc \neq 0 \text{ のとき } af=be$$

$$dc=0 \text{ のとき } c=0 \quad \therefore a=0, \ e=0$$

$$\therefore af=be$$

一方 $bd \neq 0$，$df \neq 0$ から

$$bf \neq 0$$

どちらの場合にも $(a,b) \sim (e,f)$

8. a の補元は e だけ．

$$a \cup e = I, \quad a \cap e = O$$

c には補元がない．

9. $x \leqq z$ から $x \cup z = z$

分配律によって

$$x \cup (y \cap z) = (x \cup y) \cap (x \cup z)$$

この右辺の $x \cup z$ を z でおきかえればよい．

10. A を Z のイデアルとし，A の元を x, y とすると $x-y$ は A に属する．また Z の元を z とすると zx は A に属する．

A の元のうち最小の正の数を b とし，A の任意の元 a を b で割ったときの商を q，余りを r とすると

$r=a-bq \in A$　$r>0$ とすると $0<r<b$ から，b が最小の正の数であることに矛盾する．

$$\therefore r=0$$

$$\therefore a=bq$$

第6章

位　相

はじめに　タイトルの位相は大げさかもしれない.

トポロジーで重要なのは位相解析で, 応用が広い. 関数の性質を解明することに主眼があるので, 関数解析の別名もある.

位相の入門はどこまでの範囲といった定説はないが, まあ距離空間を除くことは考えられない. これとても内容は富豊であり, 与えられたページ数では手が出ない.

位相入門の序曲をねらうこの講座としては, 距離空間を取扱う準備として, 実数の位相性をあきらかにするのが精一ぱいというところである.

位相空間のうち距離空間が入門に向いているのは, 距離が非負の実数であるために, 実数の性質が自由に使えて空間の位相の構成がやさしいからである.

この事実からみても実数の性質を明確につかんでおくことは欠かせない.

一方実数は位相空間の母体のようなもので, そこには位相の基本的概念の雛形がいくつかかくされている. 実数の連続性がそれである.

実数の連続性の実体は1つであるが, 実数の 四則演算, 大小関係 とからみ合って共存するために, いろいろのとらえ方が可能なところに見かけによらない複雑さがある.

この複雑さは言論の自由やプライバシーの問題がしゃくし定規には規定できないのに似ていよう.

古典解析学といえば微積分を連想するように, 微積分が主要な内容である. ニュートンやライプニッツによって微積分が創造された当時は, 実数の連続性は, 経験的というか直観的というか, とにかく素朴な認識で十分であった. いまの高校の微積分のようなものとみてよいだろう.

微積分の研究がすすむにつれて, 実数の概念を明確にさせることに迫られた. 極限や関数の連続を精密化しようとすると, 実数の連続性の究明を避けて通ることはできないからである.

§1　実数の構造

　実数を一歩一歩構成することはしない．ある有名な登山家が「そこに山があるから登るのだ」といった．これにあやかるなら「そこに実数が存在するから，その基本性質をあげてみるのだ」となろう．

　実数は見かけによらず緻密な構造をもっている．その構造は，次の3つに大別してみると，見透しがよくなろう．

$$実数の構造 \begin{cases} 結合構造 \text{——} 四則演算ができる & (\text{K で表わす}) \\ 順序構造 \text{——} 大小関係がある & (\text{O で表わす}) \\ 位相構造 \text{——} 連続性 & (\text{C で表わす}) \end{cases}$$

　これを順に考えてみる．

×　　　　　　　　×

○四則演算の性質

　実数は演算からみると，四則計算が自由にできるのが特徴で，**体**と呼ばれている代数系に属している．

　実数全体の集合を R で表わすと，R は加法について可換群をなし，さらに R から0を除けば，乗法について可換群をなす．

$$実数体 \ R \begin{cases} R \text{ は加法について可換群} \\ R-\{0\} \text{ は乗法について可換群} \end{cases}$$

　高校の数学は，計算技術や問題解法のテクニックに必要以上に力をそそぐが，構造的にとらえることはままこ扱いである．念のため，この体の公理をあげてみる．

　K_1　任意の2数 a,b に対して**和** $a+b$ が定められている．

（加法について閉じている）

　K_2　$(a+b)+c=a+(b+c)$　　　　　（加法の結合律）

　K_3　$a+b=b+a$　　　　　　　　　　（加法の可換律）

　K_4　任意の数 a に対して $a+x=a$ であるような数 x が1つある．この x を0で表わし，**零**という．　　　　（加法の単位元の存在）

　K_5　任意の数 a に対して，$a+y=0$ をみたす y が1つずつある．この y を a の**逆元**といい，$-a$ で表わす．　　（加法の逆元の存在）

K$_6$ 任意の a, b に対して**積** ab が定められている.

（乗法について閉じている）

K$_7$ $(ab)c = a(bc)$ （乗法の結合律）

K$_8$ $ab = ba$ （乗法の可換律）

K$_9$ 任意の数 a に対して，$ax = a$ をみたす1つの数 x がある．この x を**単位元**といい1で表わす． （乗法の単位元の存在）

K$_{10}$ 0でない任意の数 a に対して，$ay = 1$ をみたす y が1つずつある．この y を a の**逆数**といい，$\dfrac{1}{a}$ で表わす． （乗法の逆元の存在）

K$_{11}$ $a(b+c) = ab + ac$ （乗法の加法に対する分配律）

以上を**体の公理**という．体の公理は要するに四則演算が自由にできるという事実を分析し，それを支えているエッセンスをとりまとめたものである.

「四則といいながら二則じゃないか．減法と除法はどうした.」

もっともな疑問であるが，これに詳しく答える余裕がいまはない．前号の「代数系 演算2つ」を参照されたい.

減法は加法と反数を用いて $a - b = a + (-b)$

除法は乗法と逆数を用いて $a \div b = \dfrac{a}{b} = a \times \dfrac{1}{b}$

と定義すれば，万事うまくいくのである.

$$\times \qquad\qquad \times$$

○ **大小関係の性質**

実数の大小関係は，$\boldsymbol{R}$ が 正，負，0 の3つに類別できることが基礎になっていることに主眼をおけば，次の3つの公理に分析される.

O$_1$ $\boldsymbol{R}$ には部分集合 $\boldsymbol{P}$ があって，任意の実数 a について

$$a \in P, \quad a = 0, \quad -a \in P$$

のいずれか1つだけが成り立つ． （三者択一律）

$a \in \boldsymbol{P}$ のとき a を**正数**といい，$a > 0$ とかく.

$-a \in \boldsymbol{P}$ のとき a を**負数**といい，$a < 0$ とかく.

O$_2$ $a > 0$, $b > 0$ ならば $a + b > 0$

O$_3$ $a > 0$, $b > 0$ ならば $ab > 0$

体が以上の公理 O$_1$〜O$_3$ をみたすとき**順序体**という.

以上には2数 a, b の大小を表わす約束がない．これは

$$a - b > 0 \text{ のとき } a > b \text{ （または } b < a)$$

とかくことにすれば済む.

有理数も順序体である. 複素数が順序体でない理由は練習問題でみることに止めよう.

×   ×

実数の一部分である有理数もすでに順序体であるとすると, 順序体という性質は実数の性格を特徴づける条件としては不十分なことがわかる. では実数を有理数から区別する特徴とは一体なにか.

有理数の性質 + $\boxed{C}$ = 実数の性質

+Cが実は実数の連続性なのであるが, このとらえ方が本によって異なるために読者を困惑させる. この困惑からのがれ, 頭をしんからスカッとさせるためには, いろいろのとらえ方が, 見かけは違っても本質は同じだということを理解する以外にない.

位相解析を学ぶ者にとって「この道は必ず通る道」で, やがて「この道はいつか来た道」と回顧されるようでありたい.

結論を先にいえば, 連続性Cをズバリ1回にとらえる代表的方法は制限完備性と切断の有端性である.

C ⇔ 制限完備性 ⇔ 切断の有端性

この2つは同値で, 一卵生の双性児に似ている. その内容は, あとで明らかにされる. ここでは用語を知れば十分である.

このほかに連続性Cを2つに分解し, アルキメデスの公理 $+C_0$ とみるものがある. アルキメデスの公理をAで表わせば,

$C \Leftrightarrow A + C_0$

とかけよう. ここの + は and と同じ内容.

このように分離して連続性をとらえる代表例は完備性と縮小閉区間列の原理である.

C_0 ⇔ 完備性 ⇔ 縮小閉区間列の原理

Aを考慮すれば

C ⇔ A + 完備性 ⇔ A + 縮小閉区間列の原理

これらを説明するには, 高校の数学では少し足りないから, ミニマムの予備知識を補う必要がある. それを次に試みよう.

§2　上限と下限

　数直線は実数を幾何学的に表現したもので，姿のない実数を視覚的につかむのに適している．数直線に頼り過ぎて，推論をぼかすのはよくないが，そのイメージの助けによって直観をはたらかせ，実数の正体にさぐりを入れることは，発見，創造の手法として欠くことのできないものであろう．学習や習得の方法として，「型からはいり，型から抜けよ」と昔からいわれている．要は「数直線からはいり，数直線から抜ければよい」のである．

×　　　　　　　　　　×

◦ 最大数と最小数

　こんなわかりきったことを，いまさら取り挙げるのは情ないが，現在の高校までの数学には，最大数と最小数の定義らしいものが見あたらないから，こういうことになる．

　R の任意の元を a，R の部分集合を A としよう．このとき a が A の最大数であることは，

a は A の最大数である

と命題で表わしてみても，推論の手がかりにはならない．なぜかというに，「最大数」そのものの内容が示されていないからである．これは

$$a \text{ は } A \text{ の\textbf{最大数}} \begin{cases} a \in A \\ A \text{ の任意の要素 } x \text{ に対して } x \leqq a \end{cases} \qquad ①$$

と，所属関係と大小関係によって示すと生産的命題に変わる．集合 A の最大数は $\max A$ で表わす．

　a が A の最小数になることは ① の $\leqq$ を $\geqq$ にかえるだけでよい．

$$a \text{ は } A \text{ の\textbf{最小数}} \begin{cases} a \in A \\ A \text{ の任意の要素 } x \text{ に対して } x \geqq a \end{cases} \qquad ②$$

　$\max A$ と $\min A$ とは，符号を考慮することによって，双対的に理解できるなら，一層望ましい．

　実数では，正数と負数は対をなす概念である．このことは公理 O_1 からも理解されよう．

　集合 A のすべての数の符号をかえた数の集合を $-A$ で表わしてみよ．

A の最小数が a であることは，$-A$ でみると $-a$ が最大数になること．

$$a=\min A \Longleftrightarrow -a=\max(-A)$$

同様にして

$$a=\max A \Longleftrightarrow -a=\min(-A)$$

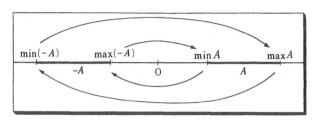

この関係を用いれば，$\min A$ のことは $\max A$ に関する知識から自動的に導かれる．

○上界（下界）と上限（下限）

区間 $[2,5]$ の最大数は 5 であるが，区間 $(2,5)$ では 5 は最大数でない．5 は区間に属さないからである．しかし，上の方の境界である点は似ている．

一般に集合 $A(\not=\phi)$ の上の方の境界にあたる数 a は，次の 2 条件によって定義される数で，A の**上限**といい，$\sup A$ で表わす．

(1) $\begin{cases} A \text{ の任意の数を } x \text{ に対して } x \leqq a \\ a \text{ より小さい数を } x \text{ とすれば，} x<y \text{ をみたす } A \text{ の数 } y \text{ がある．} \end{cases}$

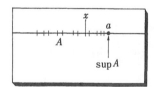 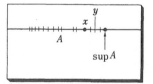

上の図で，黒丸の数は A に属するとは限らない．縦線で目盛った数は A に属する数を表わす．

この上限をもっと簡単にいい表わすには，はじめの条件だけをみたす数 a，すなわち，A のどの元よりも小さくない数を定義すればよい．

A のどの元よりも小さくない数を A の**上界**という．A は，上界が 1 つあれば無数にある．

上界によって A の上限 a をいいかえてみる．

$(1')$ $\begin{cases} a \text{ は } A \text{ の上界である.} \\ a \text{ よりも小さい数 } x \text{ は } A \text{ の上界でない.} \end{cases}$

ここで，A の上界全体の集合を考えると $(1')$ は，a が上界の集合の最小数であることを表わしている．そこで

$\sup A = \min (A \text{ の上界の集合})$

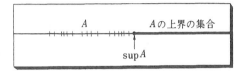

A の上限と対の数は A の**下限**で

$\inf A$

で表わす．（1）と対の定義をとった次の条件をみたす a が A の下限である．

(2) $\begin{cases} A \text{ の任意の数 } x \text{ に対して } x \geqq a \\ a \text{ よりも大きい数を } x \text{ とすれば，} x > y \text{ をみたす } A \text{ の数 } y \text{ がある.} \end{cases}$

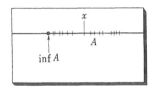 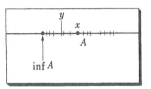

A の上界と対の数は A の**下界**で，A のどの数よりも大きくはならない数のことである．A の下界は無数にある．

下界を用いて A の下限 a をいいかえてみる．

$(2')$ $\begin{cases} a \text{ は } A \text{ の下界である.} \\ a \text{ よりも大きい数 } x \text{ は } A \text{ の下界でない.} \end{cases}$

A の下界全体の集合でみれば $(2')$ は，a が下界の最大数であることを表わしている．したがって

$\inf A = \max (A \text{ の下界の集合})$

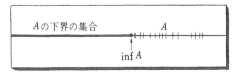

　実数の集合 $A (\neq \phi)$ が上界をもつときは，A は**上に有界**であるといい，下界をもつときは A は**下に有界**であるという．

　さらに A が上にも下にも有界ならば A は**有界**であるという．

×　　　　　　　　　×

　以上で知った対をなす概念は，集合 A の数の符号をかえた数全体の集合を $-A$ で表わすことにすると，次のように同値関係で示される．

$$a = \sup A \Longleftrightarrow -a = \inf(-A)$$
$$a = \inf A \Longleftrightarrow -a = \sup(-A)$$
$$a は A の上界 \Longleftrightarrow -a は -A の下界$$
$$a は A の下界 \Longleftrightarrow -a は -A の上界$$
$$A は上に有界 \Longleftrightarrow -A は下に有界$$
$$A は下に有界 \Longleftrightarrow -A は上に有界$$

これらの関係は，次の図で視覚的にとらえておこう．

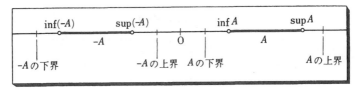

　以上からこれらの用語についての命題は，次の用語のいれかえによって作られた命題と同値であることがわかる．

$$
\begin{array}{ccccccccc}
\max & \min & \sup & \inf & 上 & 下 & A & -A & a & -a \\
\downarrow & \downarrow & \downarrow & \downarrow & \downarrow & \downarrow & \downarrow & \downarrow & \downarrow & \downarrow \\
\min & \max & \inf & \sup & 下 & 上 & -A & A & -a & a
\end{array}
$$

　この双対性は，要するに，実数の大小関係が $<$ と $>$ について双対であることが源になっている．

　例1　次の関数の値域を A とする．A の有界性をいえ．また $\sup A$, $\inf A$ を求めよ．

（1）　$f(x) = \dfrac{x}{1+x}$ 　$(x \geqq 0)$

（2）　$f(x) = \sec x$ 　$\left(-\dfrac{\pi}{2} < x < \dfrac{\pi}{2} \right)$

（3）　$f(x) = \sin x$ 　$\left(-\dfrac{\pi}{2} < x < \dfrac{\pi}{2} \right)$

グラフでみれば簡単である．

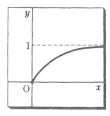 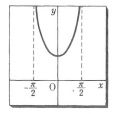 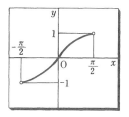

（1） 有界　　$\sup A = 1$, $\inf A = 0$

（2） 下に有界　　$\sup A$ はない．$\inf A = 1$

（3） 有界　　$\sup A = 1$, $\inf A = -1$

§3　有理数による実数のとらえ方

　有理数にはなくて実数にはある連続性は，有理数に無理数を追加して実数を構成したことから生れたものである．したがって，連続性は有理数を用いて無理数を定義することと，深いかかわり合いをもっていることが推測されよう．この事実を $\sqrt{5}$ のとらえ方を話題としてさぐってみよう．

　われわれは，$\sqrt{5}$ の近似値を有理数で求めるいくつかのアルゴリズムを持っている．

　その1つである開平法は，よく知られているが，このアルゴリズムは複雑で表現が容易でなく，コンピュータには向かない．

　表現が簡単でコンピュータに向いているのは，漸化式である．

　たとえば，$x^2 = 5$ の両辺に $5x$ を加えて変形すれば

$$x(x+5) = 5(x+1) \qquad x = 5 \cdot \frac{x+1}{x+5}$$

ここで，漸化式

$$x_{n+1} = 5 \cdot \frac{x_n + 1}{x_n + 5} \qquad ①$$

を作れば，正の初期値を x_n に与えることによって，$\sqrt{5}$ の近似値はいくらでもくわしく求め

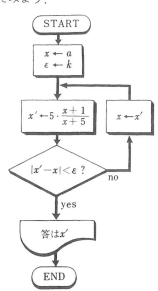

られる.

x_{n+1} を近似値とすると, 誤差は

$$|x_{n+1}-\sqrt{5}|$$

であるが, 不明の $\sqrt{5}$ を用いるわけにはいかないから, 代用として

$$|x_{n+1}-x_n|$$

を用いざるを得ない.

しかし, この泣きどころが, 数学的には有意義なのだからおもしろい.

　　　　　　　×　　　　　　　　　　　　　×

①に初期値として $x_1=1$ を与え, $x_2, x_3, \cdots\cdots$ を計算すれば, 次の数列がえられる. この数列を (x_n) で表わそう.

$$1, \ \frac{5}{3}, \ 2, \ \frac{15}{7}, \ \frac{11}{5}, \ \frac{20}{9}, \ \cdots\cdots \qquad\qquad ②$$

この数列が収束することを高校数学の流儀によって示そうとすると, 正体不明の $\sqrt{5}$ を用いざるをえない. たとえば

$$|x_{n+1}-\sqrt{5}|=\frac{5-\sqrt{5}}{x_n+5}|x_n-\sqrt{5}|<\frac{1}{2}|x_n-\sqrt{5}|$$

$$|x_{n+1}-\sqrt{5}|<\frac{1}{2^n}(\sqrt{5}-1)$$

$n\to\infty$ のとき $\dfrac{1}{2^n}\to0$ であるから

$$|x_{n+1}-\sqrt{5}|\to0 \qquad \therefore \ x_{n+1}\to\sqrt{5}$$

この方法は, 極限値を予想できないときは役に立たない. 収束するかどうか不明のときはなおさらである. そこで, 収束不明のとき, 収束するかどうかを判定する方法がほしくなる. その有力な方法の1つが**コーシーの判定法**である.

　　　　　　数列 $x_1, x_2, \cdots\cdots, x_n, \cdots\cdots$

は

　　　　　$m, n\to\infty$ のとき $|x_m-x_n|\to0$

ならば, 収束する.

これがコーシーの判定法である. この判定法の真偽は実数に関する公理系Kと O によっては定まらない. したがって, この判定法は実数の連続性と深く結びついていることがわかる.

コーシーの判定法が正しいと仮定し, これを数列②にあてはめてみよう.

②が増加数列で, すべての項が3より小さいことは容易に証明できる.

$$x_m - x_n = \frac{20(x_{m-1}-x_{n-1})}{(x_{m-1}+5)(x_{n-1}+5)} \leqq \frac{5}{9}(x_{m-1}-x_{n-1})$$

$m>n$ と仮定し，上の式を反復利用することによって

$$x_m - x_n \leqq \left(\frac{5}{9}\right)^{n-1}(x_{m-n+1}-1) < \left(\frac{5}{9}\right)^{n-1} \times 2$$

$n \to \infty$ のとき，$m>n$ から $m \to \infty$，そこで

$$n \to \infty \text{ のとき } \left(\frac{5}{9}\right)^{n-1} \to 0 \qquad\qquad ③$$

が保証されておれば $|x_m - x_n| \to 0$ となり，数列②は収束する．

では③の保証は何からえられるか．このいたって簡単なことが，実数の公理系 K, O からは出そうもない．

③は $\left(\frac{9}{5}\right)^n \to \infty$ から出るだろう．$\left(\frac{9}{5}\right)^n = \left(1+\frac{4}{5}\right)^n > 1+\frac{4}{5}n$ だから，$n \to \infty$ がわかっておれば $\left(\frac{9}{5}\right)^n \to \infty$ は出る．

$n \to \infty$ は「自然数全体の集合 N は上に有界ではない」ということで，アルキメデスの公理と呼ばれている．

以上をまとめれば「コーシーの判定条件とアルキメデスの公理を認めれば，②は収束する」となる．

②が収束ならば極限値を α とすると，①から

$$\alpha = 5 \cdot \frac{\alpha+1}{\alpha+5} \qquad\qquad \therefore \ \alpha = \sqrt{5}$$

$$\times \qquad\qquad\qquad \times$$

①の漸化式の定める数をとらえる第2の方法に移る．

①に初期値として $x_1 = 3$ を与え $x_2, x_3, \cdots\cdots$ を計算すれば，次の数列がえられる．この数列を $\{y_n\}$ で表わそう．

$$3, \ \frac{5}{2}, \ \frac{7}{3}, \ \frac{25}{11}, \ \frac{9}{4}, \ \frac{65}{29}, \ \cdots\cdots \qquad\qquad ④$$

この数列は減少数列で，すべての項が2より大きいことは，容易に証明できる．

②と④を同時に用いてみよう．閉区間 $[x_n, y_n]$ を考えると

$$[x_1, y_1] \supset [x_2, y_2] \supset \cdots\cdots \supset [x_n, y_n] \supset \cdots\cdots \qquad ⑤$$

しかも，前と同様にして

$$|y_n - x_n| < \left(\frac{5}{9}\right)^{n-1} \times 2$$

そこで，アルキメデスの公理を認めてあれば $n \to 0$ のとき $\left(\dfrac{5}{9}\right)^{n-1} \to 0$ となるから

$$|y_n - x_n| \to 0$$

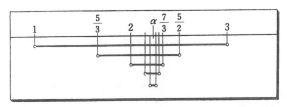

そこで，上の閉区間の列に対して，すべての区間に共通な数がただ1つ存在することを認め，その数を α とすると，α は数列 ② と ③ の共通な極限値で，前と同様にして $\sqrt{5}$ に等しいことがいえるだろう.

以上の方法が，縮小閉区間列の原理と呼ばれているものである.

×　　　　　　×

$\sqrt{5}$ を有理数でとらえる第3の方法は，有理数全体 $\boldsymbol{Q}$ を

$$A = \{x \mid (x \leqq 0) \lor (x > 0,\ x^2 \leqq 5)\} \qquad B = \{x \mid x > 0,\ x^2 > 5\}$$

に分割する方法である.

A と B には共通な数がなく，A と B の合併は $\boldsymbol{Q}$ に等しい．$\boldsymbol{Q}$ の範囲で考えると，A には最大値がなく，B には最小値がない.

その理由をあきらかにしよう.

A に有理数の最大値があったとし，それを $\alpha(>0)$ とする．$x^2 = 5$ をみたす有理数はないのだから，$\alpha^2 < 5$ である．α を漸化式 ① に代入して

$$\beta = 5 \cdot \frac{\alpha + 1}{\alpha + 5}$$

を求めると，β も正の有理数である．しかも

$$5 - \beta^2 = 20 \cdot \frac{5 - \alpha^2}{(\alpha + 5)^2} > 0 \qquad \beta - \alpha = \frac{5 - \alpha^2}{\alpha + 5} > 0$$

となるから

$$\alpha < \beta, \qquad \beta \in A$$

これは α が最大値であることに矛盾する．したがって A には最大値がない.

同様にして B には有理数の最小値がない.

ここでいま，上の分割 A, B に対して

　　　　　A に最大値があるか，または，B に最小値がある

を認めることにするとどうなるか.

　上と同様にして B に最小値がある場合は起きない. しかし，A に最大値が

ある場合は起きる. 最大値 α に対して $\alpha^2 < 5$ とすると矛盾が起きることは上

と同様だから

$$\alpha^2 = 5 \qquad \therefore \ \alpha = \sqrt{5}$$

　　　　　　　　　　×　　　　　　　　　　　　×

　再び，有理数列 ②

$$1, \ \frac{5}{3}, \ 2, \ \frac{15}{7}, \ \frac{11}{5}, \ \frac{20}{9}, \cdots\cdots \qquad\qquad ②$$

を取り挙げてみよう.

　この数列の項は，どれも 3 より小さいから，3 は上界の 1 つである. したが

って，この数列の項の作る集合を A とすると，A は上に有界である. ひらた

くいえば，集合 A は頭がおさえられていて，それを越すことができない.

　集合 A は有理数の範囲で上限をもつだろうか.

$$5 - x_n{}^2 = 20 \cdot \frac{5 - x_{n-1}{}^2}{(x_{n-1}+5)^2}, \qquad 5 - x_1{}^2 > 0$$

　この式からわかるように，すべての n について

$$x_n{}^2 < 5$$

　もし A が有理数の上限 α をもったとすると $\alpha^2 \neq 5$ だから $\alpha^2 < 5$ か $\alpha^2 > 5$ か

のいずれかである.

　もし $\alpha^2 < 5$ であったとすると，前に知ったように $\beta = 5 \cdot \dfrac{\alpha+1}{\alpha+5}$ から求めた β

については $\alpha < \beta$, $\beta \in A$ となるので，α は上限であることに矛盾する.

　また，もし $\alpha^2 > 5$ であったとすると，前に知ったように，$\beta < \alpha$, $\beta^2 > 5$ と

なって，β は A の上界で，しかも α より小さいから，α が A の上限であるこ

とに矛盾する.

　結局 A は有理数の範囲で上限をもたない.

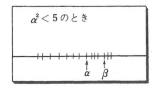

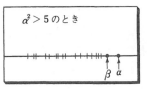

ここで，A は上限をもつと仮定すると，その上限は以上からみて $\alpha^2=5$ をみたす α 以上には考えられず，無理数 $\alpha=\sqrt{5}$ が定まる．

以上で，われわれは，有理数を用いて無理数 $\sqrt{5}$ を導入する方法をいろいろ試みた．その方法は，どれをみても，数の公理 K，O 以外の公理の承認を必要とした．その公理は4通りあったが，これらは次の節であきらかにされるように同値のもので連続の公理と呼ばれている．この公理を C で表わしてみる．

有理数全体の集合 $\boldsymbol{Q}$ は，公理系 K，O をみたすが C をみたさない．しかし C をみたすと仮定することによって無理数が追加され，実数全体の集合 $\boldsymbol{R}$ ができる．

そして，この $\boldsymbol{R}$ では，公理系 K，O，C が完全にみたされるようになる．

§4　連続の公理

連続の公理 C には，姿は異なるが内容は同じ4つの表現のあることを知った．

ここで，これらの公理の同値関係をあきらかにしたいのであるが，4つを最初から同格に取扱ったのでは混乱するだろうから，どれか1つを土台にすえ，他はそれから導きつつ，最後に，同値関係が完全に解明されるという順序をふむことにしよう．

最初に選ぶ連続の公理はどれでもよいのだが，ここでは，アルキメデスの公理を分離させることを考慮し，アルキメデスの公理と完備性を選んでみる．

A　**アルキメデスの公理**

実数体 $\boldsymbol{R}$ において，自然数全体の集合 $\boldsymbol{N}$ は上に有界でない．

すなわち，任意の自然数 n に対して $n \leqq a$ をみたす実数 a が存在しない．

（1）　見方をかえれば，１つの実数 a に対して

$$a < n$$

をみたす自然数 n が必ず存在する．

この公理は，このままでは使いにくいから，これと同値な次の定理を導いておくのがよい．

（2）　R の２つの正の数を a, b とするとき，b を何倍（自然数倍）かすると，必ず a より大きくなる．すなわち

$$a < nb$$

をみたす自然数 n が存在する．

証明は簡単である．

○$(1) \Rightarrow (2)$ の証明

$\frac{a}{b}$ は実数だから（1）によって $\frac{a}{b} < n$ をみたす自然数 n が存在する．　したがって $a < nb$ をみたす自然数 n が存在する．

○$(2) \Rightarrow (1)$ の証明

（2）において $b = 1$ とおいてみよ．

見方をかえると（2）は，正の数 b は何倍かすることによって，どんなに大きい正の実数 a よりも大きくできるということ．

この事実をわれわれは

$$n \to \infty \quad \text{のとき} \quad nb \to \infty$$

とかくわけである．

また（2）の式 $a < nb$ は $\frac{a}{n} < b$ と同値である．これは見方をかえれば，正の数 a は何分の１かにすることによって，どんなに小さい正の数 b よりも小さくできるということ．

この事実をわれわれは

$$n \to \infty \quad \text{のとき} \quad \frac{a}{n} \to 0$$

とかくのである．

例2　次のことを証明せよ．

（1）　$a > 1$ のとき　$\lim_{n \to \infty} a^n = \infty$

（2）　$0 < a < 1$ のとき　$\lim_{n \to \infty} a^n = 0$

（1）の証明 $a = 1 + \alpha$ とおくと　$\alpha > 0$，そこで $(1 + \alpha)^n > 1 + n\alpha$ は既知とすると

$$a^n > 1 + n\alpha$$

n を大きくすれば $n\alpha$ したがって $1 + n\alpha$ はどんな実数 g よりも大きくなるのだから a^n も g より大きくなる.

$$\therefore \lim_{n \to \infty} a_n = \infty$$

（2）の証明

$a = \dfrac{1}{b}$ とおくと $a^n = \dfrac{1}{b^n}$

$b > 1$ だから（1）によって n を大きくすることによって b^n をどんな数よりも大きくできる. したがって $\dfrac{1}{b^n}$ をどんな正の数よりも小さくできる.

$$\therefore \lim_{n \to \infty} a^n = 0$$

この証明は ε, δ を用いてもっと正確にかけるが，それほどのこともないと思ったので高校流の矢印方式で済した. ε, δ-方式 にかきかえてみることは，読者におまかせしよう.

例3 p が正の数，x が実数のとき

$$np \leqq x < (n+1)p$$

をみたす整数 n が存在する.

x をはさむ2数 $mp, lp\,(m, l \in \mathbf{Z})$ が存在することをいえば，あとは簡単である.

$\dfrac{x}{p}$ は実数だからアルキメデスの公理によって $\dfrac{x}{p} < l$, すなわち

$$x < lp$$

をみたす自然数 l が存在する.

次に $x \geqq 0$ なら $-p < 0 \leqq x$ だから $(-1)p < x$ $\therefore (-1)p \leqq x$

$x < 0$ ならば $\dfrac{-x}{p} > 0$ だから $\dfrac{-x}{p} < m$ すなわち $-pm < x$

$$\therefore (-m)p \leqq x$$

をみたす自然数 m が存在する. したがって，つねに

$$mp \leqq x$$

をみたす整数 m がある.

以上から

$$mp \leqq x < lp$$

をみたす整数 m, l の存在があきらかになった.

区間 $[mp, lp)$ は $[np, (n+1)p)$ の形の有限個の区間に分けられる. x はこ

れらの区間のどれかに属するから

$$x\in[np,(n+1)p)$$

とすると

$$np\leqq x<(n+1)p$$

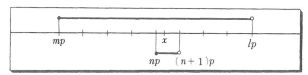

➡注 稠密性について

　　有理数全体 $\boldsymbol{Q}$ では，どんな2数の間にも必ず1つの数がある．なぜかというに，2つの有理数を $a,b(a\neq b)$ とすると，$\dfrac{ma+nb}{m+n}$ $(m,n>0)$ は a,b の間にある有理数になるからである．これは見方をかえれば，$\boldsymbol{Q}$ の数は大小順に配列すると，どこもぎっしりとつまっているということで，$\boldsymbol{Q}$ は稠密であるという．

　　これに似た同じ性質は実数全体 $\boldsymbol{R}$ にもある．すなわち任意の2実数の間には必ず1つの実数がある．このことを $\boldsymbol{R}$ は稠密であるという．

　　稠密性は $\boldsymbol{R}$ と $\boldsymbol{Q}$ の間でみる場合もある．$\boldsymbol{R}$ のどんな2数の間にも有理数がある．つまり，実数のどんな近くにでも有理数がある．このことを $\boldsymbol{Q}$ は $\boldsymbol{R}$ において稠密であるという．

　　この証明にはアルキメデスの公理が必要である．任意の2つの実数 $a,b(a<b)$ としよう．$b-a$ は正の数だから，アルキメデスの公理によって $1<n(b-a)$ をみたす自然数 n がある．一方例3によって $m\leqq na<m+1$ をみたす整数 m がある．そこで

$$\frac{m}{n}\leqq a<\frac{m+1}{n}\qquad \frac{1}{n}<b-a$$

これらの2式から

$$a<\frac{m+1}{n}=\frac{m}{n}+\frac{1}{n}<a+(b-a)=b$$

$\dfrac{m+1}{n}$ は a,b の間の有理数である．

　実数全体 $\boldsymbol{R}$ に，アルキメデスの公理のほかに，完備性を追加することによって，$\boldsymbol{R}$ の連続性を完成させよう．

　それには予備知識として，基本列の概念をあきらかにしておくのがよい．

　実数の列

$$x_1,x_2,\cdots\cdots,x_n,\cdots\cdots$$

が次の条件をみたすとき，**基本列**または**コーシー列**という．

$$m,n\to\infty \quad \text{のとき} \quad |x_m-x_n|\to 0$$

かきかえれば，任意の正の数 ε に対して， 自然数 n_0 を適当に選ぶことによって

$$m,n \geqq n_0 \quad \text{ならば} \quad |x_m-x_n|<\varepsilon$$

となるようにできる.

C_1　**完備性**

基本列は収束する.

以上の公理を認めれば，どんな定理が導かれるか. それに答えるのが次の節である.

§5　連続の公理の四面相

はじめに，完備性に代わりうるものを挙げてみる.

C_2　**縮小閉区間列の原理**

閉区間の列 $[a_n,b_n](n=1,2,\cdots\cdots)$ があって

（ i ）　$[a_1,b_1] \supset [a_2,b_2] \supset \cdots\cdots \supset [a_n,b_n] \supset \cdots\cdots$

（ ii ）　$n\to\infty$　のとき　$b_n-a_n\to0$

をみたすならば，すべての区間に共通な実数がただ1つある.

この原理は完備性と同値である.

定理1　完備性 $\Leftrightarrow$ 縮小閉区間列の原理

2つの場合に分けて証明しよう.

◦ $C_1 \Rightarrow C_2$ の証明

閉区間列の左端の作る数列 $\{a_n\}$ は基本列であることをあきらかにしたあとで，完備性を用いる方針をとる.

仮定（ii）によれば， 与えられた正の数 ε に対して自然数 k を適当に選ぶことによって

$$n\geqq k \quad \text{ならば} \quad b_n-a_n<\varepsilon$$

となるようにできる.

そこで， $k\leqq n\leqq m$ をみたす自然数 n,m を選ぶと（ i ）によって

$$|a_m - a_n| \leqq |b_n - a_n| < \varepsilon$$

これは，数列 $\{a_n\}$ が基本列であることを示す．したがって，完備性によって $\{a_n\}$ は収束するから，その極限値を α とする．

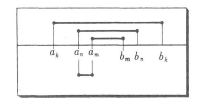

この α は数列 $\{b_n\}$ の極限値でもある．なぜかというに

$$|b_n - \alpha| \leqq |b_n - a_n| + |a_n - \alpha|$$

において $n \to \infty$ とすると $|b_n - a_n| \to 0$, $|a_n - \alpha| \to 0$ したがって $|b_n - \alpha| \to 0$ となるからである．

よって，任意の番号 n に対して

$$a_n \leqq \alpha \leqq b_n \qquad \therefore \ \alpha \in [b_n, a_n]$$

すなわち α はすべての区間に含まれる数である．このような数が 2 つ以上ないことは（ⅱ）によって自明に近い．

➡**注** この証明にはアルキメデスの公理が用いられているのだが表面には出ていない．仮定（ⅱ）をみよ．$n \to \infty$ のとき $b_n - a_n \to 0$ となるような b_n, a_n が存在することを示そうとするとアルキメデスの定理が必要になる．$a_n = \dfrac{1}{n}$, $b_n = \dfrac{1}{n+1}$ はその一例．

○ $\mathrm{C}_2 \Rightarrow \mathrm{C}_1$ の証明

与えられた基本列を $\{x_n\}$ とする．これが有界であることを示したあとで，縮小閉区間列を作ればよい．

ε を与えられた 1 つの正の数とすると，自然数 k を適当に選ぶことによって

$$l, m \geqq k \quad ならば \quad |x_m - x_l| < \varepsilon$$

となるようにできる．

そこで，l を k に等しく選ぶと

$$m \geqq k \quad ならば \quad |x_m - x_k| < \varepsilon$$
$$\therefore \ |x_m| \leqq |x_m - x_k| + |x_k| < \varepsilon + |x_k|$$

したがって，$x_1, x_2, \cdots\cdots, x_{k-1}$, $\varepsilon + |x_k|$ の最大値を g とすると，すべての n に対して

$$|x_n| \leqq g$$

$-g = a_1$, $g = b_1$ とおけば

$$a_1 \leqq x_n \leqq b_1$$

これで基本列 $\{x_n\}$ は有界であることがあきらかにされた.

次に区間 $[a_1, b_1]$ の中点を c_1 とすると $[a_1, c_1]$ と $[c_1, b_1]$ の少なくとも一方には $\{x_n\}$ の項が無限にある.その無限にある方の区間の1つを $[a_2, b_2]$ としよう.

再び $[a_2, b_2]$ の中点を c_2 とし, 上と同じことを試みて区間 $[a_3, b_3]$ を定める.

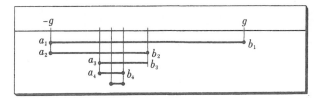

以下同様のことを繰り返せば閉区間列ができる.しかも, この閉区間列は

$$[a_1, b_1] \supset [a_2, b_2] \supset \cdots\cdots \supset [a_n, b_n] \supset \cdots\cdots$$

$$n \to \infty \text{ のとき } \quad b_n - a_n = \frac{b_1 - a_1}{2^{n-1}} \to 0$$

をみたすから,縮小閉区間列の条件をみたしている.よって,すべての閉区間に属するただ1つの数が存在する.

その数を α として,$x_n \to \alpha$ を示せば,証明の目的が達せられる.

区間 $[a_n, b_n]$ に属する $\{x_n\}$ の項の1つを y_n とすると数列 $\{y_n\}$ ができ,しかも,この数列は $\{x_n\}$ の部分列である.

$$|y_m - \alpha| \leqq b_m - a_m$$

$m \to \infty$ のとき $b_m - a_m \to 0$ だから $\quad |y_m - \alpha| \to 0$

$\{y_n\}$ は α に収束する.一方

$$|x_n - \alpha| \leqq |x_n - y_m| + |y_m - \alpha|, \qquad n \leqq m$$

ここで $n \to \infty$ とすると $n \leqq m$ から $m \to \infty$,$\{x_n\}$ は基本列であったから,$|x_n - y_m| \to 0$, さらに上から $|y_m - \alpha| \to 0$, よって $|x_n - \alpha| \to 0$ となって基本列 $\{x_n\}$ は α に収束する. （証明終り）

C_3　制限完備性

空でない実数の集合 S が,上に有界ならば,S は上限をもつ.

この公理は,空でない実数の集合 S が下に有界ならば S は下限をもつと同

値であることは，双対性から自明に近い．

定理2 アルキメデスの公理，縮小閉区間列の原理 ⇔ 制限完備性

∘ A and $C_2 \Rightarrow C_3$ の証明

S の上界全体の集合を U とする．U に属さない数の1つを a_1，U に属する数の1つを b_1 としよう．

点 a_1, b_1 の中点を c_1 としたとき，c_1 が U の上限ならば証明は終るのだから上限でないとしてよい．c_1 が上界ならば $[a_1, c_1]$ を，c_1 が上界でないならば $[c_1, b_1]$ を $[a_2, b_2]$ で表わす．

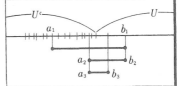

このように $[a_2, b_2]$ を選ぶと，b_2 は S の上界で，a_2 は上界でないからこの区間中には U の点も U^c の点も含まれる．そこで，これについて再び上と同様のことを試みて区間 $[a_3, b_3]$ を作ることができる．

以下同様のことを試みて区間の列を作れば

$$[a_1, b_1] \supset [a_2, b_2] \supset \cdots\cdots$$

で，しかも

$$b_n - a_n = \frac{b_1 - a_1}{2^{n-1}}$$

となるから，アルキメデスの公理によって

$$n \to \infty \text{ のとき } b_n - a_n \to 0$$

よって縮小区間列の原理をあてはめると，すべての区間 $[a_n, b_n]$ に属する数 α がただ1つ存在する．

この α が S の上限であることを示せば証明は終る．

$[a_n, b_n]$ の作り方から b_n は S の上界で，a_n は S の上界でない．しかも

$$a_n \leqq \alpha \leqq b_n$$

であって

$$n \to \infty \text{ のとき } a_n \to \alpha, \ b_n \to \alpha$$

S の任意の数を x とすると

$$x \leqq a_n$$

よって $n \to \infty$ として $x \leqq \alpha$ となるから

$$\alpha \text{ は } S \text{ の上界である} \qquad\qquad ①$$

次に $\beta < \alpha$ なる β を選び, $n \to \infty$ のとき $a_n \to \alpha$ を考慮すれば

$$\beta < a_k$$

なる項 a_k が存在する. a_k は上界でないから $a_k = y$ なる S の数 y が存在する. すなわち

$$\beta < \alpha \text{ のとき } \beta < y \text{ なる } S \text{ の数 } y \text{ がある} \qquad \text{②}$$

①と②から α は S の上限である. （証明終り）

$$\times \qquad\qquad \times$$

○ $C_3 \Rightarrow A$ and C_2 の証明

はじめに, アルキメデスの定理が成り立つことをあきらかにしよう.

N が上に有界であるとすると, N は上限をもつからそれを a とすると, 任意の自然数 n に対して $n \leqq a$ である. また $a - 1 < a$ だから

$$a - 1 < m \quad \text{すなわち} \quad a < m + 1$$

をみたす自然数 m がある. $m + 1$ は自然数だから, これは矛盾.

アルキメデスの公理があれば, 区間列 $\{[a_n, b_n]\}$ で, 次の条件をみたすものは存在する.

（ i ）　$[a_1, b_1] \supset [a_2, b_2] \supset \cdots\cdots \supset [a_n, b_n] \supset \cdots\cdots$

（ ii ）　$n \to \infty$ のとき $b_n - a_n \to 0$

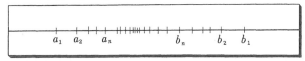

数列 $\{a_n\}$ は上に有界であるから制限完備性によって上限をもつ. その上限を α とする. また数列 $\{b_n\}$ は下に有界であるから下限をもつ. それを β とする. そうすれば

$$a_n \leqq \alpha, \qquad \beta \leqq b_n \qquad\qquad \text{①}$$

ここで $\alpha = \beta$ をいえば目的を果す.

もし $\alpha \leqq \beta$ であったとすると

$$\beta - \alpha \leqq b_n - a_n$$

ここで $n \to \infty$ とすると $\beta - \alpha = 0$ ∴ $\alpha = \beta$

もし $\beta < \alpha$ であったとすると, α は $\{a_n\}$ の上限であることから $\beta < a_m$ をみたす a_m がある. β は $\{b_n\}$ の下限だから $\beta < a_m$ から

$$b_l < a_m$$

をみたす b_l がある．これは $a_m < b_l$ に矛盾する．

　よって $\alpha = \beta$．①から，すべての n に対して

$$a_n \leqq \alpha \leqq b_n$$

$$\therefore \quad \alpha \in [a_n, b_n]$$

このような α が 2 つないことは（ii）からあきらかである．

　C_4　**切断の有端性**

　　実数全体の集合 $\boldsymbol{R}$ を，次の 2 条件をみたすように分ける．

　　（ i ）　P, Q は $\boldsymbol{R}$ の類別である．

　　　すなわち　$\boldsymbol{R} = P \cup Q, \ P \cap Q = \phi, \ P \neq \phi, \ Q \neq \phi$

　　（ii）　P の数よりも Q の数は大きい．

　　　すなわち　$p \in P, \ q \in Q$　のとき　$p < q$

　　このとき，P に最大数があるか，または Q に最小数がある．

　この連続性のとらえ方はデデキント（Dedekind　1831～1916）がその著「連続性と無理数」において発表したもので，実数の連続性としては最もポピュラーなものであろう．数直線によって視覚的に理解できるので，入門向きといえよう．

　条件（ i ），（ii）をみたす 2 つの集合 P, Q の組を，実数の切断と呼び，(P, Q)，$(P \mid Q)$ などで表わすことが多い．

　「または」の意味からすれば，P に最大数があることと，Q に最小数があることとは同時に起きてもよいわけであるが，条件（ii）からみて，そのような場合はあり得ない．したがって実際には，「P に最大数があるか，Q に最小数があるかのいずれか一方のみが起きる」としてもよいわけである．

　定理 3　　制限完備性 ⇔ 切断の有端性

　2 つの場合に分けて証明する．

　$\circ$ $C_3 \Rightarrow C_4$ の証明

　$\boldsymbol{R}$ の 1 つの切断を $(P \mid Q)$ とし，P に最大数があるか，または Q に最小数があることを証明すればよい．

　Q は空集合でないから Q に属する数が必ずあって，しかもそれは P のどの元よりも大きいのだから P の上界である．したがって P は上に有界であるか

ら制限完備性によって P には上限がある.

P の上限を s とすると，（ i ）によって s は P に属するか，または Q に属する.

　$s∈P$ のとき

　　s は P の上限で，かつ P に属するから，P の最大値である.

　$s∈Q$ のとき

　　s は Q の最小値であることをいえばよい．それには s が最小値でないとすると矛盾することを示せばよい．s が Q の最小値でないとすると

$$q<s$$

をみたす Q の元 q が存在する.

　一方 s は P の上限なのだから $q<s$
なる q に対しては

$$q<p$$

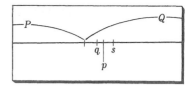

をみたす P の数 p が存在する．これは仮定（ ii ）に矛盾．よって s は Q の最小値である.

。$C_4 ⇒ C_3$ の証明

$\boldsymbol{R}$ の空でなく，かつ上に有界な集合を S とし，S に上限があることを証明すればよい.

まず S を用いて切断を作れ．S の上界全体の集合を Q とし，Q の補集合を P としてみよ．この P, Q の定め方から

$$\boldsymbol{R}=P∪Q, \quad P∩Q=\phi$$

はあきらか.

　一方，S は上に有界なのだから，S の上界が必ずある.

$$∴ \ Q \neq \phi$$

またSは空でないから，その1つを s とし，s より小さい1つの数を x とすると，x は S の上界にはならないから P に属する.

$$∴ \ P \neq \phi$$

　次に P, Q に属する数をそれぞれ p, q とすると，p は S の上界でないから

$$p<s$$

をみたす S の数 s が存在する．一方 q は S の上界だから

$$s \leqq q \qquad ∴ \ p<q$$

　以上によって切断 $(P \mid Q)$ がえられたから，切断の有端性によって，P に最大値があるか，または Q に最小値がある．

　目標は S に上限があること，すなわち Q に最小値があることの証明．したがって，P に最大値がある場合が起きないことを示せばよい．背理法による．

　P に最大値があったとし，それを α とする．

　P の最大値は P に属するから

$$\alpha \in P$$

　したがって α は S の上界でないから

$$\alpha < s$$

をみたす S の数 s が必ずある．

　そこで

$$x = \frac{\alpha + s}{2}$$

とおくと，$x < s$ だから，x は S の上界でない．よって x は P に属する．　一方

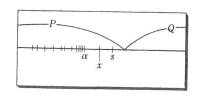

$\alpha < x$ すなわち x は P の最大値より大きいのだから x は P に属さない．よって矛盾．

　以上によって，Q に最小値がある場合が起きる．その最小値を β とすると，β は S の上限である．

　以上によって，S に上限のあることがあきらかになった．（証明終り）

×　　　　　　　　　×

　以上を総括すると，われわれは，次の同値関係を知ったことになる．

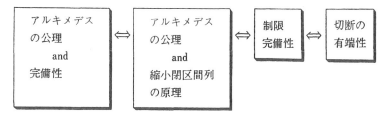

　これらの4つの公理は表現は異なるが，いずれも実数の連続性のとらえ方であって，その内容は同じである．

　しかし，このことは，順序体という特殊な構造をもった空間についてあきら

かにしたに過ぎないから，この前提を無視して，他の空間にあてはめるのは危険である．一般の空間では，これにとらわれず，理論を慎重に展開することが望まれる．

§6　連続性の応用

実数の連続の身近な応用といえば，関数の連続である．

ここでは，R の部分集合を S とするとき

　　　S から R への関数 f

を取扱う．この関数をふつう実変数関数，実関数などという．

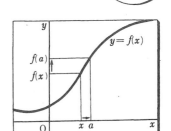

関数 f が点 $a(\in S)$ で連続であることは，高校流の矢印方式によると

　　　$x \to a$ のとき　$f(x) \to f(a)$

ε, δ-方式によると

任意の正の数 ε に対して，それぞれ適当な正の数 δ を選ぶことによって

　　　$|x-a| < \delta$ ならば　$|f(x) - f(a)| < \varepsilon$

となるようにできる．

この2つは，表現は異質でも，内容は同じである．

矢印方式は，関数の連続の素朴な表現で親しみやすい．その代わり，推論があいまいになるおそれがあり，思わざるところで，思わざる誤りにおち入ることがある．

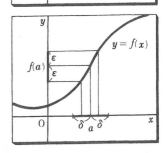

ε, δ-方式は，矢印方式の欠陥を補うために考えられたものであるから推論の精密化には適しているが，なれないうちは肩がこり，一般向きでない．

きまりきったところは矢印方式で，推論の込み入ったところは ε, δ-方式で，ということになろうか．

ε, δ-方式で注意を要するのは，「ε に応じて δ を選ぶ」というところであろう．

論理記号でかくと

$$\forall \varepsilon \exists \delta\,[\,|x-a|<\delta \to |f(x)-f(a)|<\varepsilon\,]$$

となるが，これを「任意のε，適当なδ」と形式的に読みとると，εとδとの相互関係が脱落するおそれがある．δはεに応じて定まるのだから，対応を関係とみて

$$\delta(\varepsilon)$$

と表わしてみると，相互関係が適確にとらえられよう．

　たとえば $f(x)=x^2$ が $x=2$ で連続であることを示す場合を考えてみる．$x=2+h$ とおくと

$$|f(x)-f(2)|=|(2+h)^2-2^2|=|4h+h^2|\leqq 4|h|+|h|^2$$

$|h|$ は十分小さい数であるから $|h|<1$ とみてよい．したがって $|h|^2<|h|$

$$\therefore\ |f(x)-f(2)|<5|h|$$

　したがって，$|f(x)-f(2)|$ を与えられた正の数 ε より小さくするには $|h|$ を $\dfrac{\varepsilon}{5}$ より小さくとればよい．すなわち $\dfrac{\varepsilon}{5}\geqq\delta$ に δ をとると

$$|x-2|=|h|<\delta$$

をみたす x に対して　$|f(x)-f(2)|<\varepsilon$　となる．

$\delta\leqq\dfrac{\varepsilon}{5}$ からわかるように，δ は ε に対応して選ばれる．

×　　　　　　×

　関数の連続は近傍というコトバに訳すことも広く行なわれている．

　$|x-a|<\varepsilon$ をみたす x の集合を点 a の ε 近傍といい $U_\varepsilon(a)$，$U(\varepsilon;a)$ などで表わす．すなわち

$$U_\varepsilon(a)=\{x\mid|x-a|<\varepsilon\}$$

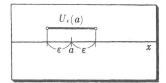

　この近傍の概念を用いると関数 $f(x)$ が $x=a$ で連続であることは，正の数 ε に対して正の数 δ を適当に選ぶと

$$x\in U_\delta(a)\quad \text{ならば}\quad f(x)\in U_\varepsilon(f(a))$$

と表わされる．

　くわしくみると，x は定義域 S に含まれないと困るから $x\in S$ を追加し

$$x\in S\cap U_\delta(a)\quad \text{ならば}\quad f(x)\in U_\varepsilon(f(a))$$

とするのが正しい．しかし，近傍 $U_\delta(a)$ を定義域内の部分集合と限定してお

くことによって S を略して取扱うこともできる.

×　　　　　　×

$f(x)$ が定義域 S 内のすべての点で連続であるときは**連続関数**という.

これについて例題を1つやってみる.

例4　S を定義域とする連続関数 $f(x)$ があって $f(a)>0$ ならば，正の数 ε を適当に選ぶことによって

$$|x-a|<\varepsilon \quad ならば \quad f(x)>0$$

となるようにできる.

$f(a)<0$ のときも同様の定理が成り立つ.

つまり，a の ε 近傍を十分小さくとることによって，その近傍内の x に対する関数 f の値がすべて正になるようにできる.

直観的には自明に近いことがらではあるが，証明することによって確認するのが，実数の連続性の公理を問題にしてきたわれわれの当然の務めである.

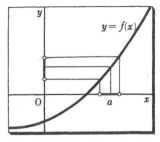

証明は背理法による.

それには，例4の否定命題を作らなければならない.

ややこしい命題の否定は，論理記号を用いて形式的に作る方が無難であろう．例4を記号化すると

$$\exists\varepsilon\forall x\,[|x-a|<\varepsilon \;\rightarrow\; f(x)>0]$$

この否定は

$$\forall\varepsilon\exists x\,[|x-a|<\varepsilon \quad かつ \quad f(x)\leqq 0]$$

すなわち，どんな ε に対しても，点 a の ε 近傍内には，$f(x)$ を正ならしめないような x が存在する.

そこで $\varepsilon=1,\dfrac{1}{2},\dfrac{1}{3},\cdots\cdots,\dfrac{1}{n},\cdots\cdots$ として，各近傍ごとに，上の条件をみたす x を1つずつ選ぶことにすると，数列

$$x_1,x_2,\cdots\cdots,x_n,\cdots\cdots$$

がえられ，しかもつねに

$$f(x_n)\leqq 0 \qquad\qquad\qquad ①$$

この数列においては

$$|x_n - a| < \frac{1}{n}$$

であるから

$$n \to \infty \text{ のとき } |x_n - a| \to 0 \qquad \therefore \ x_n \to a$$

となるから a に収束する.

$f(x)$ は連続関数であったから

$$n \to \infty \text{ のとき,すなわち } x_n \to a \text{ のとき } f(x_n) \to f(a)$$

よって ① から

$$f(a) \leqq 0$$

これは仮定 $f(a) > 0$ に矛盾する.　　　　　　　　　（証明終り）

　　　　　　　　　×　　　　　　　　　×

　高校では中間値の定理を度々用いるが,定理自身は直観的に認めるに止まった.証明するだけの予備知識がないし,かりにあったとしても証明が難しいからであろう.われわれは,縮小閉区間列の原理と例4を用いることによって,証明できる.

> **中間値の定理**　関数 $f(x)$ が $[a,b]$ において連続で, $f(a)$ と $f(b)$ が異符号ならば, a,b の間に $f(x)=0$ をみたす数 x が少なくとも1つある.

　これを証明してみる.

　$a = a_1$, $b = b_1$ とおく.区間 $[a_1, b_1]$ の中点を c_1 とする.もし $f(c_1) = 0$ ならば定理は証明されたことになるから, $f(c_1) \neq 0$ の場合を問題にすれば十分である. $f(c_1)$ は $f(a_1), f(b_1)$ のどちらかと異符号である.

　$f(c_1) f(a_1) < 0$ のときは $[a_1, c_1]$ を $[a_2, b_2]$ で表わす.

　$f(c_1) f(b_1) < 0$ のときは $[c_1, b_1]$ を $[a_2, b_2]$ で表わす.

　次に $[a_2, b_2]$ についても同様のことを試み $[a_3, b_3]$ を作る.

　以下同様のことを繰り返すことによって閉区間列がえられ,それは,次の2条件をみたす.

　（ i ）　$[a_1, b_1] \supset [a_2, b_2] \supset \cdots\cdots \supset [a_n, b_n] \supset \cdots\cdots$

　（ii）　$b_n - a_n = \dfrac{b-a}{2^{n-1}} \longrightarrow 0 \quad (n \to \infty)$

　したがって,縮小閉区間列の原理によって,すべての閉区間に属するただ1つの数 α が存在する.

ここで $f(\alpha)=0$ を導けば証明は終る.

背理法による. $f(\alpha)\neq 0$ とすると $f(\alpha)>0$ または $f(\alpha)<0$

$f(\alpha)>0$ であったとすると, 例4によって,

$$|x-\alpha|<\varepsilon \quad \text{ならば} \quad f(x)>0 \qquad \qquad ①$$

をみたすような ε が存在した.

先の閉区間列の中には, 近傍 $V_\varepsilon(\alpha)$ に含まれるものがあるから, それを

$[a_m, b_m]$ とすると, ①によって

$$f(a_m)>0, \; f(b_m)>0 \qquad ②$$

ところが, 閉区間列の作り方から

$$f(a_m)f(b_m)<0 \qquad ③$$

②と③は矛盾する.

$f(\alpha)<0$ のときも同様である.

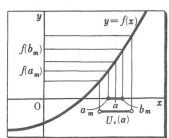

したがって $f(\alpha)=0$, すなわち $f(x)=0$

をみたす x が a と b の間に存在する.

練 習 問 題 6

問題

1. 実数の公理 K から, 次の等式を導け.

（1） $(-a)+(-b)=-(a+b)$

（2） $a0=0$

（3） $a(-b)=-ab$

（4） $-(-a)=a$

（5） $(-a)(-b)=ab$

（6） $a(b-c)=ab-ac$

2. 実数の公理 K, O から, ふつう不等式の性質と呼ばれている次の命題を導け.

（1） $a>b$ ならば
$\qquad a+c>b+c$

（2） $a>b, \; c>0$ ならば

ヒントと略解

1. （1） $(-a)+(-b)+(a+b)$
$=(-a)+((-b)+a)+b$
$=(-a)+(a+(-b))+b$
$=((-a)+a)+((-b)+b)=0+0=0$
よって $(-a)+(-b)$ は $a+b$ の反数に等しいから $(-a)+(-b)=-(a+b)$

（2） K_{11} において $b=c=0$ とおくと
$\qquad a(0+0)=a\cdot 0+a\cdot 0, \; a\cdot 0=a\cdot 0+a\cdot 0$
両辺に $a\cdot 0$ の反数を加えると $0=a\cdot 0+0$
$\therefore \; 0=a\cdot 0$

（3） $ab+a(-b)=a(b+(-b))=a\cdot 0=0$

（4） $(-a)+a=0$ から a は $-a$ の反数になるから $a=-(-a)$

（5） （3），（4）を用いる.

$ac>bc$

（3） $a>b,\ c<0$ ならば

$ac<bc$

3．複素数全体の集合を $\boldsymbol{C}$ とする．$\boldsymbol{C}$ は順序体となりえないことを，次の順に証明せよ．

（1） $\boldsymbol{C}$ の部分集合 P を選び公理 O_1〜O_3 が成り立つとして

$x\neq 0$ ならば $x^2\in P$

を導く．

（2） $x=1,i$ とおいて矛盾を導く．

4．$\boldsymbol{R}$ において，2つの有理数 $a,b(a<b)$ の間に必ず実数が存在することをあきらかにせよ．

5．$\boldsymbol{R}$ の部分集合 A が，条件

（i） A は無限集合である

（ii） A は有界である

をみたすとする．

このとき A は少なくとも1つの集積点をもつことを証明せよ．（$\boldsymbol{R}$ の1つの点を x とする．どんな ε に対しても，点 x の ε 近傍が，A の点を少なくとも1つ含むとき，点 x を A の集積点という．）

6．次のことを証明せよ．

（1） 数列 $\{a_n\}$ が増加数列で，かつ上に有界ならば収束する．

（2） 数列 $\{a_n\}$ が減少数列で，かつ下に有界ならば収束する．

$(-a)(-b)=-a(-b)=-(-ab)=ab$

（6） $a(b-c)=a(b+(-c))=ab+a(-c)$

$=ab+(-ac)=ab-ac$

2．（1） $(a+c)-(b+c)=a+c+(-(b+c))$

$=a+c+(-b)+(-c)=a+(-b)+c+(-c)$

$=a-b+0=a-b>0$

（2） $a-b>0,\ c>0$ から $(a-b)c>0$

（3） $a-b>0,\ -c>0$ から $(a-b)(-c)>0$

$-(a-b)c>0,\ -(-(a-b)c)<0,\ (a-b)c<0$

3．（1） $x\neq 0$ ならば $x\in P$ or $-x\in P, x\in P$ ならば $x^2\in P$ (O_3 による) $-x\in P$ ならば

$(-x)^2\in P$ ∴ $x^2\in P$

（2） $x=1$ とおくと $1^2=1\in P$，$x=i$ とおくと $i^2=-1\in P$，$1\in P$ and $-1\in P$ は矛盾．

4．有理数があることはあきらか．よって無理数があることをいえばよい．ある無理数 c に対して $n\leqq c<n+1$ なる整数 n がある．そこで $(n,n+1)$ を (a,b) にうつす1次写像 $f(x)$ を作れば，

$f(c)\in(a,b)$

5．$A\subset[a_1,b_1]$ とする．この区間の中点を c_1 とし，$[a_1,c_1],[c_1,b_1]$ のうち，A の元を無限に含む方を $[a_2,b_2]$ とする．以下同様にして $[a_3,b_3],[a_4,b_4]$，……を作り，縮小閉区間列の原理を用いると，すべての閉区間に属する数 α がある．α は A の集積点になることを示せばよい．

$U_\varepsilon(\alpha)\supset[a_n,b_n]\ni x,\ x\neq\alpha$ なる A の元 x が必ずある．

6．（1） 制限完備性によって $\{a_n\}$ は上限をもつ．それを α とすると，正の数 ε に対し $\alpha-\varepsilon<a_m$ をみたす m がある．$m\leqq n$ なる n に対して $\alpha-a_n<\alpha-a_m<\varepsilon$，よって $\{a_n\}$ は α に収束する．

（2） 数列 $\{-a_n\}$ は増加数列で上に有界になる．（1）を用いよ．

162

第7章

測 度

はじめに 定積分の計算について学生から質問を受けたことがあった．関数が不連続なために，線分が1本抜けた場合である．

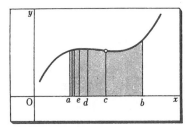

点 c で不連続とすると，a から b まで一気に積分できない．そこで a から c までと，c から b までに分けて計算すればよいことはわかるらしいのだが，線分が1本抜けることが気になるらしい．

「線分が抜けても面積は変わらないのですか」

「直線には幅がないから面積はゼロでしょう．ゼロは引いても影響ない」

「何本抜いてもですか」

「何本も？」

「a と c の中点 d から1本，a と d の中点 e から1本というように続けてゆ

くのです．無限個抜けるでしょう」

「変わらんでしょうね．長方形で同じことをやってごらん」

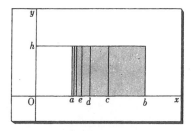

「等比数列の和です．
$$\frac{(b-a)h}{2}+\frac{(b-a)h}{4}+\frac{(b-a)h}{8}+\cdots$$
$$=\frac{(b-a)h}{2}\frac{1}{1-\frac{1}{2}}=(b-a)h$$

変ですね．じゃ先生，すべての区間から中点の線分を次々に抜いたらどうなるんです」

「変わらないですよ．n 回行なえば，横は $\frac{1}{2^n}$ になるが，長方形は 2^n 個だから，かければもとのまま……」

「なんだかごまかされているみたい」

「本当はごまかしてるのかもわからんね．いたるところ穴だらけ……それでも面積がある」

「すべての有理数のところで線分を

ぬいたらどうなるんです」

「それは難問です．さらに，すべての無理数のところで線分を抜けば，長方形は姿を消す．有理数で抜くのは，その中間ですから」

「そんなものでも面積を考えるんですか」

「だから難問といったでしょう．常識や経験は通用しない．新しく面積の定義が必要になりますよ」

「定義次第ですか」

「そういうことになる」

「数学なんて，頼りないですね」

「じょうだんでしょう．常識や経験の無力なところにもさぐりを入れる．それが数学の力．そんな力は他の学問ではムリ．大いに頼りになりますよ．数学は……」

×　　　　×

この学生との対話には，測度論の芽生えがみられる．事実，測度論はこのような疑問の解明から発達したものであった．

長さでみると，有限の区間には長さがある．これを一般化し，任意の実数の集合についても長さを考えようとすると，長さについての精密な理論が必要になる．

面積や体積についても同じこと．

これと本格的に取り組むには，カントールの集合論の創意を待たねばならなかった．

われわれの常識では，閉区間 $[a,b]$ の長さも，開区間 (a,b) の長さも，また半開区間 $[a,b)$ の長さも $b-a$ である．この常識にもとづくと，線分から有限個の点を除いても線分の長さは変わらない．また無限個であっても可算個ならば，除きようによっては変わらない．しかし，有理点をすべて除くと不安になる．しかし有理点は可算個だから，まだよいような気がしないでもない．仮りに可算個の点は除いてもよいとしよう．残りの無理数は，有理数とは比較にならないほどたくさんある．その一部分を除いたらどうなるのか．非可算個の無理数を除いても，残りが非可算個のこともあろう．こうなると一層むずかしい．

われわれの常識では，可算個の点を除くまではよさそうな気がする．ボレルも同じ考えをもっていた．任意の集合について長さを定義するとすれば，そのような定義が望ましい気がする．しかし，それには，どんな定義を与えればよいかとなるとむずかしい．先人の苦労もその辺にあったとみてよい．

×　　　　×

歴史的にみると，測度論は 1880 年代の初期，ストルツ（O. Stolz），ハルナック（A. Harnack），カントル（Cantor）によって同時に研究がは

じめられたが，目的を十分果すことができなかった．常識的にみて当然長さがあってよいようなものが測れなかったり，ものによっては，量の加法性がくずれたりしたからである．

量の加法性というのは，集合 A に対応する量を $m(A)$ で表わしたとき，共通要素のない2つの集合 A,B について，等式

$$m(A \cup B) = m(A) + m(B)$$

が成り立つことである．

長さ,面積,体積,重さ など，われわれが日常よく用いる量では，加法性の成り立つものが多く，このような量を**外延量**と呼んでいる．

食塩水の濃度のような量では，加法性が成り立たず，不等式

$$m(A \cup B) \leqq m(A) + m(B)$$

が成り立つ．これを**劣加法性**ともいい，この法則をみたす量を**内包量**という．

上の不等号の向きを反対にした

$$m(A \cup B) \geqq m(A) + m(B)$$

は**優加法性**という．

量に外延量と内包量があることをはじめてあきらかにしたのは哲学者のヘーゲルである．

カントルなどの測度量を修正し，応用にたえうるように発展させたのは，ペアノ (Peano) とジョルダン (Jordan) で，1890年の前後であった．2人の定義は本質的に同じであっ

たので，後世，ペアノ-ジョルダンの測度と呼ぶようになった．

しかし，この測度にも欠陥があり，完全加法性，すなわち可算個の集合についての加法性

$$m(\overset{\infty}{\underset{i=1}{\cup}} A_i) = \sum_{i=1}^{\infty} m(A_i)$$

がみたされなかった．

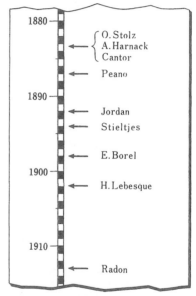

完全加法性と精力的に取り組んだのはボレル (E. Borel) で，彼の考えた集合族はボレル集合族の名で知られ，彼の測度は解析学の新しい分野を開いた．

ボレルの理論をさらに発展させ，積分概念の拡張を計ったのがルベック (H. Lebesque) である．彼のこの方面の業績はルベック積分の名で親しま

れている.

その後にルベック積分とスチェルチェス積分を総合して積分の一般論の基礎を完成したラドン (Radon) の業績などが続く.

§1〜§3では主として長さに関するルベック測度を取扱い, §4で一般の集合の測度について軽く触れることにしよう.

§1 長さの概念の拡張——外測度

測度論の目標は量一般を数学的にとらえることにあるが, 入門の序曲としては, 長さの概念の拡張からはいるのが自然である. 長さは数直線による視覚化がやさしく, 入門向きである. また歴史的にも測度論の出発点はそこにあったとみてよい.

長さを実数の任意の集合にも定義しようというのが, ここの主題である. そのような長さは, 経験的な長さの概念から出発しながら, それを乗り越えたもの, 理論的に構成したものであるため, 測度の別名が広く用いられている.

未知の概念は既知の概念を基礎として構築し, その内に既知のものも包含させるのが常道である.

長さについてわれわれのもっている経験的知識は, 区間の長さである. 閉区間 $[a,b]$ の長さは $b-a$ である. しかし, これだけでは少々きゅうくつなので, 半開区間 $[a,b)$, $(a,b]$ でも, さらに開区間 (a,b) でも, その長さを $b-a$ とみるのが常識であろう.

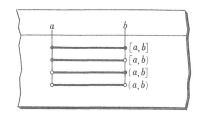

これらの区間のどれを用いても, 理論の展開に大きな差はないだろう. 仮りに1つの点の長さが0であることと, 加法性を認めたとすると

$$m[a,b] = m([a,b) + \{b\}) = m[a,b) + m\{b\}$$
$$b-a = m[a,b) + 0$$
$$m[a,b) = b-a$$

このように, 3種の区間のうち, どれか1つの長さを $b-a$ と定めれば, 残りの区間の長さも $b-a$ になる.

　そこでわれわれは，開区間 (a,b) の長さが $b-a$ になることを用いて，任意の点集合に対して，測度を定めることを試みる．

×　　　　　　　　　×

　実数全体の集合は慣用にしたがって $\boldsymbol{R}$ で表わす．

　$\boldsymbol{R}$ の部分集合である開区間は I で表わし，I の長さは $|I|$ で表わすことにする．すなわち

$$I=(a,b) \quad のとき \quad |I|=b-a$$

と定める．

　$\boldsymbol{R}$ の任意の部分集合 A に対しては，次のようにして測度を定めよう．

○　A を被覆する開区間列

　　$(I_k): I_1, I_2, I_3, \cdots\cdots$

を作る．

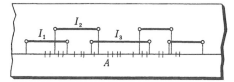

ここで (I_k) が A を被覆するとは，(I_k) のすべての区間の合併に A が含まれる意味である．すなわち

$$A \subset \bigcup_{k=1}^{\infty} I_k = I_1 \cup I_2 \cup I_3 \cup \cdots\cdots$$

○　この区間列に対して，区間の長さの和

$$l = \sum_{k=1}^{\infty} |I_k| = |I_1| + |I_2| + |I_3| + \cdots\cdots$$

を考える．

　ただし，l は上の級数が収束するときは，その極限値を，収束しないときは $+\infty$ に発散するから，そのときは $+\infty$ を表わすものと約束する．

○　A に対して，(1) のような被覆はいろいろ作ることができるから，それに対応する l もたくさんあって1つの集合を作る．その集合を L とする．

○　L の下限を A の**外測度**といい，$\overline{m}A$ で表わす．すなわち

$$\overline{m}A = \inf L$$

➡注　$mA, \overline{m}A$ はふつうかっこをつけて $m(A), \overline{m}(A)$ と表わすが，煩わしいからかっこを略した．x の増分を $\varDelta(x)$ としないで $\varDelta x$ とかくのと同じ方式である．

×　　　　　　　　　×

　さて，上のように定めた外測度にはどんな性質があるだろうか．この測度はわれわれが経験的にもっている長さの概念をどの程度みたすだろうか．それを

調べるのが次の課題である.

（1） 外測度は非負の実数，または ∞ である．不等式で表わせば

$$0 \leqq \overline{m}A \leqq \infty$$

これは外測度の定義から自明である．

（2） $\overline{m}\phi = 0$

この簡単な結論も，開区間列の被覆をもち出して証明しなければならないとはやっかいなことであるが，先の定義を認める限り止む得ない.

外測度の最小値は 0 なのだから， 適当な被覆を作って $\overline{m}\phi$ が 0 になることを示したので十分である.

たとえば，任意の正の数 ε を用い，I_k として $\left(0, \dfrac{\varepsilon}{2^k}\right)$ をとってみる． ϕ は任意の集合に含まれるから (I_k) は ϕ の被覆である.

$$\therefore \ \overline{m}\phi \leqq \sum_{k=1}^{\infty} |I_k| = \frac{\varepsilon}{2} + \frac{\varepsilon}{2^2} + \cdots\cdots$$

$$\overline{m}\phi \leqq \varepsilon \qquad\qquad\qquad ①$$

ε は任意の正の数だから

$$\overline{m}\phi = 0$$

（3） **単調性** $A \subset B$ ならば $\overline{m}A \leqq \overline{m}B$

これを証明してみる.

A の被覆全体の集合を K_A，B の被覆全体の集合を K_B で表わす．仮定によって $A \subset B$ だから，B の被覆は必ず A の被覆になる．したがって

$$K_A \supset K_B$$

K_A, K_B に対応する区間の長さの和の集合をそれぞれ L_A, L_B とすると

$$L_A \supset L_B$$

したがって，下限の性質から

$$\inf L_A \leqq \inf L_B$$

$$\therefore \ \overline{m}A \leqq \overline{m}B$$

（4） $A = A_1 \cup A_2 \cup \cdots\cdots$ ならば $\overline{m}A \leqq \overline{m}A_1 + \overline{m}A_2 + \cdots\cdots$

すなわち

$$\overline{m}\left(\bigcup_{i=1}^{\infty} A_i\right) \leqq \sum_{i=1}^{\infty} \overline{m}A_i$$

これは劣加法性を可算個の場合へ拡張したもので，**完全劣加法性，** または **σ-劣加法性** と呼ばれている.

　証明はむずかしくはないが，記号が煩雑になるので，初学者向きではない．
要するに，可算個のものを可算個集めても可算個であることが証明のもとにな
る．このほかに予備知識として

　　　　　「任意の正の数 ε に対して $x<y+\varepsilon$」ならば　　$x\leqq y$

が必要である．すなわち $x\leqq y$ を証明するには，任意の正の数 ε に対して
$x<y+\varepsilon$ となることを示せばよい．

　A_i の被覆の1つを $(I_{i1},I_{i2},\cdots\cdots,I_{ij},\cdots\cdots)$ とすると，$\overline{m}A_i$ は $\sum_{i=1}^{\infty}|I_{ij}|$ の集
合の下限であるから，下限の定義によって，任意の正の数 ε に対して

$$\overline{m}A_i-\frac{\varepsilon}{2^i}<\sum_{i=1}^{\infty}|I_{ij}|$$

をみたす被覆 (I_{ij}) が存在する．

　ここで区間の集合

　　　　　$\{I_{ij}\}$　$(i\in N,\ j\in N)$　　①

をみると，この濃度は $\aleph_0\aleph_0$ すなわち
$\aleph_0$ に等しいから，一列化が可能であ
り，したがって

　　　　　$A=A_1\cup A_2\cup\cdots\cdots\cup A_i\cup\cdots\cdots$

の被覆になる．

　①を一列化したものを $I_1,I_2,I_3,\cdots\cdots$ とすると

$$\sum_{k=1}^{n}I_k\leqq\sum_{i=1}^{\infty}\sum_{j=1}^{\infty}|I_{ij}|<\sum_{i=1}^{\infty}\left(\overline{m}A_i+\frac{\varepsilon}{2^i}\right)$$

ここで $n\to\infty$ とすると

$$\overline{m}A\leqq\sum_{k=1}^{\infty}I_k<\sum_{i=1}^{\infty}\overline{m}A_i+\varepsilon$$

ε は任意の正数だから

$$\overline{m}A\leqq\sum_{i=1}^{\infty}\overline{m}A_i$$

➡注　（4）で $A_{n+1}=A_{n+2}=\cdots\cdots=\phi$ の場合を考えると

　　　　　$\overline{m}(A_1\cup A_2\cup\cdots\cdots\cup A_n)\leqq\overline{m}A_1+\overline{m}A_2+\cdots\cdots+\overline{m}A_n$

となって，有限個の場合の劣加法性がえられる．

　われわれの常識によれば，1つの点からなる集合の長さは0である．外測度
は，幸いにして，この常識をみたしてくれる．

　（5）　1つの数の集合の外測度は0である．

　　　　　$\overline{m}\{a\}=0$

この場合にも，適当な被覆を作って，$\overline{m}\{a\}\leqq\varepsilon$ を導いたので十分である．

任意の正の数を ε とし，$I_k=\left(a-\dfrac{\varepsilon}{2^{k+1}},\ a+\dfrac{\varepsilon}{2^{k+1}}\right)$ を選ぶと，$\{a\}$ は I_k に属するから，(I_k) はあきらかに $\{a\}$ の被覆である．

したがって

$$\overline{m}\{a\}\leqq\sum_{k=1}^{\infty}|I_k|=\sum\frac{\varepsilon}{2^k}=\varepsilon$$

$$\therefore\ \overline{m}\{a\}=0$$

×   ×

われわれの常識によると，閉区間 $[a,b]$，半開区間 $[a,b)$，$(a,b]$，さらに開区間 (a,b) の長さは $b-a$ に等しかった．外測度はこれらの常識をみたしてくれる．すなわち

（6）$[a,b]$，$[a,b)$，$(a,b]$，(a,b) の外測度はすべて $b-a$ である．

◦ $\overline{m}[a,b]=b-a$ の証明

2つの場合

$$\overline{m}[a,b]\leqq b-a,\qquad \overline{m}[a,b]\geqq b-a$$

に分けて証明するのでないと無理である．

$\overline{m}[a,b]\leqq b-a$ を証明するには，$\overline{m}[a,b]\leqq b-a+\varepsilon$ を示せばよい．それには，$[a,b]$ の適当な被覆を作って，この不等式を導けばよい．

たとえば，正の数 ε を用いて，区間列として

$$I_1=\left(a-\frac{\varepsilon}{4},\ a+\frac{\varepsilon}{4}\right)$$

$$I_k=\left(a,a+\frac{\varepsilon}{2^k}\right)\qquad(k=2,3,\cdots\cdots)$$

を選んでみよ．$[a,b]$ は I_1 に含まれるから (I_k) は $[a,b]$ の被覆である．したがって

$$\overline{m}[a,b]\leqq\sum_{k=1}^{\infty}|I_k|=\left(b-a+\frac{\varepsilon}{2}\right)+\frac{\varepsilon}{2^2}+\frac{\varepsilon}{2^3}+\cdots\cdots$$

$$\overline{m}[a,b]\leqq b-a+\varepsilon$$

ε は任意の正数だから

$$\overline{m}[a,b]\leqq b-a\qquad\text{①}$$

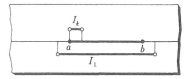

次に $\overline{m}[a,b]\geqq b-a$ を証明する．

$[a,b]$ の任意の被覆を (I_k) とすると，ハイネ-ボレルの被覆定理によって，(I_k) の中の有限個の開区間で $[a,b]$ を被覆することができる．そこで，その

有限個の開区間を

$$I_1', I_2', \cdots\cdots, I_3'$$

としよう.

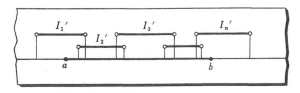

　開区間の数は有限個だから，厳密なことをいうまでもなく，図からわかるように，これらの開区間の長さの和は $b-a$ よりは小さくない.

$$b-a \leqq |I_1'| + |I_2'| + \cdots\cdots + |I_n'|$$

この式の右辺の項は，$\sum_{k=1}^{\infty} |I_k|$ の項の一部分であるから

$$b-a \leqq \sum_{k=1}^{\infty} |I_k|$$

この右辺のような数の集合の下限が $\overline{m}[a,b]$ であるから，下限の定義によって

$$b-a \leqq \overline{m}\,[a,b] \qquad\qquad ②$$

①と②から　　　$\overline{m}[a,b] = b-a$

　次に $\overline{m}[a,b) = b-a$ を証明しよう.

　上の証明の前半と全く同様にして

$$\overline{m}[a,b) \leqq b-a \qquad\qquad ③$$

そこで，＜が成り立たないことを示せば目的が果される. 背理法によってみる. いま仮に $\overline{m}[a,b) < b-a$ であったとしよう.

　$[a,b] = [a,b) \cup \{b\}$ であるから，（3）と（5）によって

$$\overline{m}[a,b] \leqq \overline{m}[a,b) + \overline{m}\{b\} = \overline{m}[a,b) < b-a$$

$$\therefore \ \overline{m}[a,b] < b-a$$

これは $\overline{m}[a,b] = b-a$ であることに反する. よって③は等号のみが成り立つ.

　半開区間 $(a,b]$，開区間 (b,a) の場合も同様にして証明される.

§2　長さの概念の拡張——測度

　外測度は区間のような簡単なものでは加法性をみたすが，一般には劣加法性をみたすに止まり，加法性をみたさない．したがって，外測度が加法性をみたすようにするには，さらに条件を追加しなければならない．

　その1つの方法として，外測度と双対な定義によって内測度を定義し，A の外測度と内測度が一致する場合に，その値を A の測度とすることが考えられる．

　しかし，この方法は手数が2倍になるので，もっと簡潔な方法として，外測度に条件を加えることが考え出された．

　外測度が加法的であることは，P, Q を互に素なる集合とすると

$$\overline{m}(P \cup Q) = \overline{m}P + \overline{m}Q$$

で表わされる．

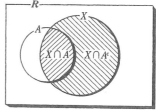

　この式で，$P = X \cap A$，$Q = X \cap A^c$ とおいてみると，P と Q は互に素で，しかも $P \cup Q = X$ であるから，次の等式が導かれる．

$$\overline{m}X = \overline{m}(X \cap A) + \overline{m}(X \cap A^c)$$

　この等式であると，A に対しどんな X を選んでも成り立つので都合がよい．そこで，外測度をもとにし，測度を次のように定めよう．

　$\boldsymbol{R}$ の部分集合 A に対し，どんな部分集合 X を選んでも
$$\overline{m}X = \overline{m}(X \cap A) + \overline{m}(X \cap A^c) \tag{①}$$
が成り立つとき，A は**可測**であるといい，$\overline{m}A$ を mA で表わし，これを A の**測度**という．

　ただし，外測度の劣加法性によって

$$\overline{m}X \leqq \overline{m}(X \cap A) + \overline{m}(X \cap A^c)$$

は任意の集合 X について成り立つから，①を示す代わりに

$$\overline{m}X \geqq \overline{m}(X \cap A) + \overline{m}(X \cap A^c) \tag{②}$$

を示したのでよい．

　しかも，②は $\overline{m}X = \infty$ のときは証明するまでもなく成り立つから，$\overline{m}X$ が

有限のとき, すなわち $\overline{m}X < \infty$ のときを考えたのでよい.

×　　　　　　　×

以上のように定めた測度の性質を調べてみる.

（1）ϕ は可測であって $m\phi = 0$ である.

証明はやさしい. ① の右辺で $A = \phi$ とおいてみよ.

$$\overline{m}(X \cap \phi) + \overline{m}(X \cap \phi^c) = \overline{m}\phi + \overline{m}X$$

ところが $\overline{m}\phi = 0$ であったから

$$\overline{m}(X \cap \phi) + \overline{m}(X \cap \phi^c) = \overline{m}X$$

となって ① は成り立つ.

よって ϕ は可測であって, その測度は

$$m\phi = \overline{m}\phi = 0$$

（2）$\overline{m}A = 0$ ならば A は可測であって, かつ $mA = 0$

証明には ② を示せばよい.

$X \cap A \subset A$ であるから, 外測度の単調性によって

$$\overline{m}(X \cap A) \leqq \overline{m}A$$

ところが仮定によって $\overline{m}A = 0$ だから $\overline{m}(X \cap A) = 0$

$X \cap A^c \subset X$ であるから, 再び単調性によって

$$\overline{m}(X \cap A) + \overline{m}(X \cap A^c) = \overline{m}(X \cap A^c) \leqq \overline{m}X$$

よって ② が成り立つから, A は可測である.

$$\therefore \ mA = \overline{m}A = 0$$

（3）A が可測ならば A^c も可測である.

これは $A = A^{cc}$ を用い ① をかきかえてみれば明白.

（4）$\boldsymbol{R}$ は可測である.

ϕ は可測であったから（3）によって $\phi^c = \boldsymbol{R}$ も可測である.

（5）A, B が可測ならば $A \cap B$, $A \cup B$, $A - B$ も可測である.

最初に $A \cap B$ は可測であることを証明するには, $A \cap B = P$ とおくと, 任意の X に対して

$$\overline{m}X \geqq \overline{m}(X \cap P) + \overline{m}(X \cap P^c)$$

となることを示せばよい.

A は可測であるから, 集合 X に対して

$$\overline{m}X \geqq \overline{m}(X \cap A) + \overline{m}(X \cap A^c)$$

B も可測であるから，集合 $X \cap A$ に対して
$$\overline{m}(X \cap A) \geqq \overline{m}(X \cap A \cap B) + \overline{m}(X \cap A \cap B^c)$$

これらの2式から
$$\overline{m}X \geqq \overline{m}(X \cap P) + \overline{m}(X \cap A \cap B^c) + \overline{m}(X \cap A^c)$$

この式で，$X \cap A \cap B^c$ と $X \cap A^c$ とは互に
素で，しかも，その合併は
$$X \cap (A \cap B)^c = X \cap P^c$$
に等しいから，外測度の劣加法性によって
$$\overline{m}(X \cap A \cap B^c) + \overline{m}(X \cap A^c)$$
$$\geqq \overline{m}(X \cap P^c)$$

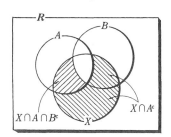

これと，上の不等式とから
$$\overline{m}X \geqq \overline{m}(X \cap P) + \overline{m}(X \cap P^c)$$

よって，P すなわち $A \cap B$ は可測である．

次に $A \cup B$，$A - B$ が可測であることは，
$$A \cup B = (A^c \cap B^c)^c \qquad A - B = A \cap B^c$$
を用いて証明される．

A, B が可測ならば（3）によって A^c, B^c も可測，したがって $A^c \cap B^c$ も可測，再び（3）によって，$(A^c \cap B^c)^c$ も可測．ゆえに $A \cup B$ は可測．

$A - B$ が可測であることも同様．

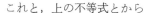

以上によって，可測な集合の集合を $\mathfrak{m}$ とすると，$\mathfrak{m}$ は4つの演算
　　　　　交わり（$\cap$），結び（$\cup$），差（$-$），補集合（^{c}）
について閉じており，最小元 ϕ と最大元 R を含むことがあきらかになった．

われわれが測度に期待する重要な条件は加法性で，しかも，それは可算個の
集合について成り立ってほしいことである．幸いにして，以上で定めた測度は
この条件をみたしてくれる．

（6）(A_k)（$k = 1, 2, \cdots\cdots$）が可測な集合列であるとき，$S = \bigcup\limits_{k=1}^{\infty} A_k$ とおけ
ば，次のことが成り立つ．

（i）S は可測である．

（ii）　$mS=\sum_{k=1}^{\infty}mA_k$

等式（ii）を**完全加法性**または σ-**加法性**という.

証明は楽でない. 先を急ぐ方はとばして下さって結構である. やさしい証明はないものかと, あれこれくふうしてみたが成功しなかった. ありきたりの証明の紹介になって申訳ない.

最初に予備知識として, 不等式

$$\overline{m}X \geqq \sum_{k=1}^{\infty}\overline{m}(X\cap A_k)+\overline{m}(X\cap S^c) \qquad ①$$

を導く. この式を 持ち出す理由を あきらかにしないのは 不親切かも知れないが, それをやっていると長くなるし, 証明が終るころには, その意図も読みとれるはずだから, それを待つことにしよう.

①を導くには, まず有限個の場合の不等式

$$\overline{m}X = \sum_{k=1}^{n}\overline{m}(X\cap A_k)+\overline{m}(X\cap S_n{}^c) \qquad ②$$

を導けばよい. この式で $S_n=\bigcup_{k=1}^{n}A_k$ を表わす.

一方, $A_1, A_2, \cdots\cdots, A_n$ は可測だから, すでにあきらかにした（5）によって, $S_n=A_1\cup A_2\cup\cdots\cdots\cup A_n$ も可測である. よって任意の集合 X に対して

$$\overline{m}X = \overline{m}(X\cap S_n)+\overline{m}(X\cap S_n{}^c) \qquad ③$$

が成り立つことがわかるから, ②を証明するには

$$\overline{m}(X\cap S_n) = \sum_{k=1}^{n}\overline{m}(X\cap A_k) \qquad ④$$

を導けばよい.

これを帰納的方法であきらかにしよう.

仮定により A_1 は可測であるから, 任意の X に対して

$$\overline{m}X = \overline{m}(X\cap A_1)+\overline{m}(X\cap A_1{}^c)$$

この式の X を $X\cap(A_1\cup A_2)$ で置きかえ, A_1 と A_2 が互に素であることを用いると, 次の等式がえられる.

$$\overline{m}(X\cap(A_1\cup A_2))$$
$$=\overline{m}(X\cap A_1)+\overline{m}(X\cap A_2)$$

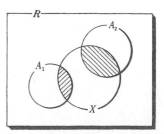

$A_2\cup A_3$ は A_1 と互に素であるから, 上の式の A_2 を $A_2\cup A_3$ で置きかえて

$$\overline{m}(X\cap(A_1\cup A_2\cup A_3))=\overline{m}(X\cap A_1)+\overline{m}(X\cap(A_2\cup A_3))$$

さらに A_2 は可側で，A_2 と A_3 は互に素だから，右端を分解して

$$\overline{m}(X\cap(A_1\cup A_2\cup A_3))=\overline{m}(X\cap A_1)+\overline{m}(X\cap A_2)+\overline{m}(X\cap A_3)$$

以下同様のことを反復することによって④が導かれる．

したがって③と④から②が導かれる．

さて，②に目をつけよう．

$S_n\subset S$ から $S_n{}^c\supset S^c$，よって $X\cap S_n{}^c\supset X\cap S^c$ となるから，外測度の単調性を用いると $\overline{m}(X\cap S_n{}^c)\geqq\overline{m}(X\cap S^c)$，これを②に用いれば

$$\overline{m}X\geqq\sum_{k=1}^{n}\overline{m}(X\cap A_k)+\overline{m}(X\cap S^c)$$

ここで $n\to\infty$ とすると，目的の式①が導かれる．

これで予備知識は終ったから，定理（6）の証明にはいる．

○（i）の証明

外測度は可算個の場合にも劣加法性が成り立ったから

$$\sum_{k=1}^{\infty}\overline{m}(X\cap A_k)\geqq\overline{m}\bigcup_{k=1}^{\infty}(X\cap A_k)=\overline{m}(X\cap(\bigcap_{k=1}^{\infty}A_k))$$
$$=\overline{m}(X\cap S)$$

したがって①から

$$\overline{m}X\geqq\overline{m}(X\cap S)+\overline{m}(X\cap S^c)\tag{⑤}$$

この式は S が可測であることを表わしている．

○（ii）の証明

⑤が成り立てば，⑤は等号が成り立つことは，可測の定義のところであきらかにした．①の右辺は⑤の右辺より大きいから，⑤で等号が成り立てば，当然①でも等号は成り立つから

$$\overline{m}X=\sum_{k=1}^{\infty}\overline{m}(X\cap A_k)+\overline{m}(X\cap S^c)$$

この式で，X に S を代入してみよ．$A_k\subset S$ だから $S\cap A_k=A_k$，なお $S\cap S^c=\phi$ となるから

$$\overline{m}S=\sum_{k=1}^{\infty}\overline{m}A_k+\overline{m}\phi$$

$\overline{m}\phi=0$ を用いて

$$\overline{m}S=\sum_{k=1}^{\infty}\overline{m}A_k$$

S は可測であり，A_k も可測だから両辺の $\overline{m}$ を m にかきかえて

$$mS=\sum_{k=1}^{\infty}mA_k$$

以上の準備があれば，1つの点の集合の測度,種々の区間の測度,可算の点の

集合などの測度もあきらかにされるのであるが, 話題が豊富だから, 節をあらためることにしよう.

§3 当然な結果・意外な結果

前の節の測度について, まず当然なことをあきらかにしよう. 当然なこととは, 測度を定めるときわれわれが期待したことがらである.

(7) 1点 a からなる集合 $\{a\}$ は可測で, その測度は 0 である.

$$m\{a\}=0$$

外測度の性質によって $\overline{m}\{a\}=0$, したがって (2) により $\{a\}$ は可測であるから

$$\therefore \ m\{a\}=\overline{m}\{a\}=0$$

(8) 有限区間 (a,b), $[a,b]$, $[a,b)$, $(a,b]$ はすべて可測であって, 測度はいずれも $b-a$ に等しい.

また, 無限区間も可測で, その濃度は ∞ である.

この証明はかなりやっかいだから専門書を見て頂くことにし, ここでは省略する.

×　　　　　　　　　　×

定理 (8) と (6) とから, 高々可算集合についての測度がわかる.

(9) 高々可算な集合は可測であって, その測度は 0 である.

可算集合を

$$A=\{a_1, a_2, \cdots\cdots\}$$

とすると,

$$A=\{a_1\}\cup\{a_2\}\cup\cdots\cdots \qquad\qquad ①$$

$\{a_1\}, \{a_2\}, \cdots\cdots$ は互いに素なる集合で, しかも可測だから, A もまた可測である. したがって定理 (6) と (8) によって

$$mA=\sum_{k=1}^{\infty}m\{a_k\}=\sum_{k=1}^{\infty}0=0$$

有限個のときは ① で $\{a_{n+1}\}$, $\{a_{n+2}\}$, $\cdots\cdots$ の代わりに ϕ を選べばよい.

集合論の知識によれば, 有理数全体の集合 $\boldsymbol{Q}$ は可算であったから

$$m\boldsymbol{Q}=0$$

測度に対してわれわれは, 高々可算の集合の測度は 0 で, そうでない集合,

たとえば連続体の濃度の集合（R はその代表例）の測度は0でないことを期待した．

この期待の前半は定理（9）によってみたされたが，後半の期待は あきらかでない．なぜかというに（9）の逆を成り立たせない例が 知られているからである．

高々可算の集合でないが，測度が0になる例としては，**カントールの集合**が有名である．このような反例がありうることは，われわれが考えて来た測度としては誠に不幸なことかも知れないが，測度の定義の困難さを知らされた意義は大きいといわねばならない．

×　　　　　　　　　　×

次にカントールの集合を紹介しよう．

閉区間 $[0,1]$ の中央から長さ $\frac{1}{3}$ の開区間 $\left(\frac{1}{3}, \frac{2}{3}\right)$ を 取り除くと長さ $\frac{1}{3}$ の2つの閉区間が残るから，その合併を A_1 とする．A_1 の2の閉区間の中央から，それぞれ長さ $\frac{1}{3^2}$ の開区間をとりさると4つの閉区間が残るから，その合併を A_2 とする．以下同様の手続を繰り返すと，閉区間の集合例

$$A_1, A_2, \cdots\cdots, A_n, \cdots\cdots$$

がえられ，あきらかに

$$A_1 \supset A_2 \supset \cdots\cdots \supset A_n \supset \cdots\cdots$$

をみたす．

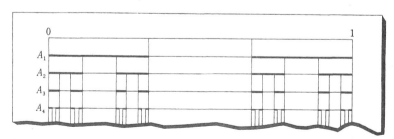

① の集合列の共通部分

$$A = A_1 \cap A_2 \cap \cdots\cdots \cap A_n \cap \cdots\cdots$$

をカントールの集合というのである．

$[0,1] = I$ とおくと I の測度は1だから，A の測度を求めるには，A の補集合

$$A^c = A_1{}^c \cup A_2{}^c \cup \cdots\cdots \cup A_n{}^c \cup \cdots\cdots$$

の測度を知ればよい.

$A_1{}^c, A_2{}^c, \cdots\cdots$ は互に素であるから, 測度の σ-加法性によって

$$mA^c = mA_1{}^c + mA_2{}^c + \cdots\cdots + mA_n{}^c + \cdots\cdots$$
$$= \frac{1}{3} + \frac{1}{3^2}\times 2 + \frac{1}{3^3}\times 2^2 + \cdots + \frac{1}{3^n}\times 2^{n-1} + \cdots\cdots$$

これは初項 $\frac{1}{3}$, 公比 $\frac{2}{3}$ の無限等比級数であるから

$$mA^c = \frac{1}{3}\Big/\Big(1 - \frac{2}{3}\Big) = 1$$

一方 A と A^c は互に素であるから, 加法性によって

$$mI = m(A + A^c) = mA + mA^c$$
$$1 = mA + 1 \quad \therefore \ mA = 0$$

これでカントールの集合の測度は 0 であることがわかった.

さて, それでは, カントールの集合の濃度はどうか. これを知るには, チョットしたくふうが必要である.

前に連続体の濃度を調べるときに, $[0,1]$ の数を無限小数で表わした. そのときの無限小数は 10 進法であったが, 実際は何進法でもよい. それで, ここでは 3 進法と 2 進法を巧に用いてみる.

カントールの集合は $A_1, A_2, \cdots\cdots$ の中の閉区間の端の集合にほかならない. 区間の端は, 3 のべきを分母とする分数の集合で表わされるから, 3 進数で表わすのに都合がよい. ただし表わし方が点に 1 対 1 に対応するようにするため, 次の約束をおく.

有限小数のうち, 右端の数字が 1 のものは, 次の位から先をすべて 2 で表わすことにする. たとえば

$\frac{2}{3} + \frac{1}{3^2}$ は 3 進数では

0.21 であるが,

0.20222……

と表わす.

この表わし方によると,

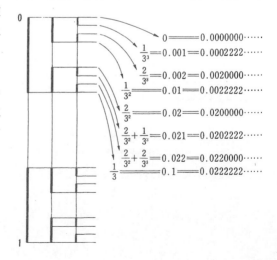

カントールの集合 A と，3 進法の無限小数のうち 0 と 2 だけで表わされるものの集合 B とは 1 対 1 に対応する．したがって A と B の濃度は等しい．

$$A \text{ の濃度} = B \text{ の濃度} \qquad\qquad ①$$

A の濃度を知るには B の濃度を知ればよいことが わかったが，B の濃度を直接求めるのは困難だから，B を 2 進法の小数全体の集合 C へ 1 意に 対応させることを考える．

B の 3 進数を表わすための数字は $\{0,2\}$

C の 2 進数を表わすための数字は $\{0,1\}$

そこで対応

$$
\begin{array}{llll}
f : B \longrightarrow C & \quad & 0.200222\cdots\cdots \to 0.100111\cdots\cdots \\
\quad 0 \longrightarrow 0 & & 0.002022\cdots\cdots \to 0.001011\cdots\cdots \\
\quad 2 \longrightarrow 1 & & 0.222222\cdots\cdots \to 0.111111\cdots\cdots
\end{array}
$$

を考えると，これは写像で，しかも全射であるから

$$B \text{ の濃度} \geqq C \text{ の濃度} \qquad\qquad ②$$

C の小数は $I = [0,1]$ の実数を 2 進数の小数で表わしたものであるから，その濃度は等しい．

$$C \text{ の濃度} = I \text{ の濃度} \qquad\qquad ③$$

①，②，③ から

$$A \text{ の濃度} \geqq I \text{ の濃度}$$

I の濃度は連続体の濃度 $\aleph$ であるから

$$A \text{ の濃度} \geqq \aleph$$

つまり，カントールの集合の濃度は可算より大きいにもかかわらず，その測度は 0 である．

×   ×

残された課題は，R のすべての部分集合が可測かどうかということである．可測でないとすると，それはどんな集合か．

高々可算の集合は可測で，その測度は 0 であったから，可測でないものがあるとすると，それは可算より大きい濃度の集合ということになる．そのような例のあることもすでに知られているが，それを紹介する余裕のないのが残念である．

§4 一般の集合の測度

測度を定式化するとは，測度が数学的に取扱えるように，すなわち正確な推論にたえるように，測度を定義することである．数学における定義は，国語の解釈などとは異なり，それがみたすべき条件を示すことによって，内容を間接に規制する方法をとる．

定式化にあたってわれわれのとるべき方法は，経験的知識の分析である．長さ,面積,体積,重さ など，われわれは日常多くの量を取扱っている．これらの量を分析し，共通な性質をさぐることによって，測度がみたすべき条件があきらかになろう．

たとえば，長さをみると，これは線に対応する量であるが，基本になるのは線分の長さであるから，数学的に抽象化すれば，実数の集合に対応する量とみることができる．長さの単位を無視して考えると，区間 $[a,b]$ の長さは $b-a$ で，これは正の数である．空集合の長さは 0 とみるのが常識であるから，長さは非負の実数とみてよい．

また，長さでは，2つの線分を合せたものの長さも考える．これを集合でみれば，共通部分のない2つの集合を A,B とするとき，$A \cup B$ の長さを考えることで，この長さは A の長さと B の長さの和に等しいことを認めている．

以上のような性質は，面積,体積,重さ などにもある．集合の元の個数も，有限集合に制限すれば同様である．

確率は最近は集合に対応する実数とみるから，以上と同様の性質をもっている．ただし確率では，長さや面積などとちがって，1 より大きい場合は考えない．

量を非負の実数とすると，半直線の長さ,半平面の面積,無限集合の元の個数などは取扱えないことになって不便である．そこで，$+\infty$ と $-\infty$ を数と同じものと考え，実数に追加する．

実数と $+\infty$，$-\infty$ をあわせて**広義の実数**ということにし，これに対して，ふつうの実数は**有限な実数**ということにしよう．

有限な実数全体の集合はいままで通り R で表わし，広義の実数全体の集合は $\bar{R}$ で表わすことにする．

$$\overline{R} = R \cup \{\pm\infty\}$$

$\pm\infty$ についての演算は，高校の極限で用いたと同じに考えたのでよい．すなわち，a を有限の実数とするとき

$$a+(+\infty)=(+\infty)+a=+\infty$$

a は負でもよいから，上の定義には $(+\infty)-a=+\infty$ が含まれる．

このほかに

$$a-(+\infty)=-\infty, \quad a-(-\infty)=+\infty$$

$$(+\infty)+(+\infty)=+\infty, \quad (-\infty)+(-\infty)=-\infty$$

$$(+\infty)-(-\infty)=+\infty, \quad (-\infty)-(+\infty)=-\infty$$

を加えれば十分である．　これらの定義の中には，$(+\infty)-(+\infty)$ と $(-\infty)-(-\infty)$ は含まれないことに注意されたい．

なお，$+\infty$ は $+$ を略して ∞ とかいてもよいとする．

×　　　　　　　　　×

以上の準備のもとで測度を定義しよう．

1つの集合 E を固定し，これを空間と呼ぶことにする．

E の部分集合族のうち，演算 $\cup, \cap, -$ について閉じているもの，すなわち**加法族**の1つを $\mathfrak{m}$ とする．

ここで $\mathfrak{m}$ の各集合に対して広義の実数を1つずつ対応させる関数

$$\mu : \mathfrak{m} \to \overline{R}$$

を考える．

そして，μ が，次の条件をみたすとき，μ を**有限加法的測度**，または略して**加法的測度**という．

M_0　$A \in \mathfrak{m}$　ならば　$0 \leqq \mu A \leqq +\infty$

M_1　$A = \phi$　ならば　$\mu A = 0$

M_2　$A, B \in \mathfrak{m}, A \cap B = \phi$　ならば　$\mu(A \cup B) = \mu A + \mu B$

➡注1　関数記号のふつうの使い方によると，A に対応する値は $\mu(A)$ とかくことになるが，かっこをいちいちかくのはわずらわしいから μA とかくことにする．

➡注2　加法族の定義はいろいろあるが，ここでは $\cup, \cap, -$ について閉じているものをとった．$\phi = A - A$ だから，この加法族には最小の集合として空集合 ϕ が含ま

れるが，最大の集合を含むとは限らない．　もし最大の集合 Ω を含むならば補集合 $A^c = \Omega - A$ は含まれる．

➡ 注3　M_1 は測度が有限なものを1つでも含んでおれば，M_2 から導かれる．すなわち $\mu A \neq +\infty$ なる A が $\mathfrak{m}$ にあったとすると

$$\mu(A \cup \phi) = \mu A + \mu \phi \quad \therefore \quad \mu A = \mu A - \mu \phi$$

μA は有限だから等式の性質によって　$\mu \phi = 0$

さて，以上のように定めた測度はどんな性質をもつだろうか．

（1）　単調性　　$A \subset B$　ならば　$\mu A \leqq \mu B$

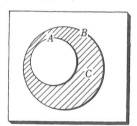

この証明は簡単である．

仮定によって $A \subset B$ だから，$B - A = C$ とおくと

$$A \cap C = \phi, \quad B = A \cup C$$

よって M_2 によって

$$\mu B = \mu(A \cup C) = \mu A + \mu C$$

M_0 によって $\mu C \geqq 0$ だから

$$\mu B \geqq \mu A$$

（2）　加法性の減法への拡張

　　$A \subset B$ で，μA が有限ならば　$\mu(B - A) = \mu B - \mu A$

単調性の証明と同様にして

$$\mu B = \mu A + \mu C$$

μA は有限だから μB と μC は同時に有限かまたは同時に $+\infty$ である．μB が有限のときは

$$\mu C = \mu B - \mu A \quad \therefore \quad \mu(B - A) = \mu B - \mu A$$

μB が $+\infty$ のときは，μC も $+\infty$ に等しいから，このときも上の等式は成り立つ．

（3）　加法性の拡張（有限加法性）

$A_1, A_2, \cdots\cdots, A_n$ がどの2つも互いに素なるときは

$$\mu(A_1 \cup A_2 \cup \cdots\cdots \cup A_n) = \mu A_1 + \mu A_2 + \cdots\cdots + \mu A_n$$

すなわち

$$\mu(\bigcup_{k=1}^{n} A_k) = \sum_{k=1}^{n} \mu A_k$$

これは M_2 の反復利用によって証明される．もっとはっきり証明したいとき

は数学的帰納法によればよい.

このように, この測度は, 加法性を有限個の場合まで拡張できるが, 無限個の場合へ拡張することができない.

そこで, M_2 に代わるものとして, 次の M_2' をとった測度を考えよう.

集合 E を固定し, E の部分集合族のうち, $\overset{\infty}{\cup}, \overset{\infty}{\cap}$ および $-$ について閉じているもの (σ−加法族という) を $\mathfrak{m}$ とする.

ここで, $\overset{\infty}{\cup}, \overset{\infty}{\cap}$ について閉じているとは

$$A_1, A_2 \cdots\cdots \in \mathfrak{m} \quad ならば \quad \overset{\infty}{\underset{k=1}{\cup}} A_k \in \mathfrak{m}, \quad \overset{\infty}{\underset{k=1}{\cap}} A_k \in \mathfrak{m}$$

となる意味である.

測度を表わす関数 μ は前と同様に $\mathfrak{m}$ から $\overline{\boldsymbol{R}}$ への関数とする.

この μ が次の条件をみたすとき, μ を**完全加法的測度**, または σ−加法的測度という.

M_0　$A \in \mathfrak{m}$　ならば　$0 \leqq \mu A \leqq +\infty$

M_1　$A = \phi$　ならば　$\mu A = 0$

M_2'　$\mathfrak{m}$ の集合 $A_1, A_2, \cdots\cdots$ が互に素であるとき

$$\mu(\overset{\infty}{\underset{k=1}{\cup}} A_k) = \sum_{k=1}^{\infty} \mu A_k$$

M_2 において $A_1, A_2, \cdots\cdots$ が, あるところから先がすべて ϕ の場合を考えることによって,

$$\mu(A_1 \cup A_2 \cup \cdots \cup A_n) = \mu A_1 + \mu A_2 + \cdots\cdots + \mu A_n$$

が導ける. したがって M_2' を認めれば M_2 は成り立ち, ここの測度の中に前の測度は包含されることがわかる.

この測度 μ の性質を1つ挙げておく.

（4）　$A_1, A_2, \cdots\cdots$ を $\mathfrak{m}$ の任意の集合列
　　　とすると

$$\mu(\overset{\infty}{\underset{k=1}{\cup}} A_k) \leqq \sum_{k=1}^{\infty} \mu A_k$$

M_2' では, $A_1, A_2, \cdots\cdots$ は互に素であったが, ここでは任意であるから, 不等号がはいるのである.

$A_1, A_2, \cdots\cdots$ から, 互に素なる集合から成る列を作り出して, M_2' を用いればよい.

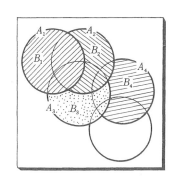

$$B_1 = A_1$$
$$B_2 = A_2 - A_1$$
$$B_3 = A_3 - A_1 \cup A_2$$
$$B_4 = A_4 - A_1 \cup A_2 \cup A_3$$

一般に

$$B_n = A_n - \bigcup_{k=1}^{n-1} A_k$$

とおけば，$B_1, B_2, \cdots\cdots$ は互に素である．しかも $\mathfrak{m}$ は σ-加法族だから $B_1, B_2,$ $\cdots\cdots$ も $\mathfrak{m}$ に属し，さらに $\bigcup\limits_{k=1}^{\infty} A_k, \bigcup\limits_{k=1}^{\infty} B_k$ も $\mathfrak{m}$ に属する．しかも $\bigcup\limits_{k=1}^{\infty} A_k = \bigcup\limits_{k=1}^{\infty} B_k$ であるから，M_2' によって

$$\mu(\bigcup_{k=1}^{\infty} A_k) = \mu(\bigcup_{k=1}^{\infty} B_k) = \sum_{k=1}^{\infty} \mu B_k$$

一方 $B_k \subset A_k$ だから，単調性によって $\mu B_k \leqq \mu A_k$

$$\therefore \sum_{k=1}^{\infty} \mu B_k \leqq \sum_{k=1}^{\infty} \mu A_k$$

これと上の等式とから，目的の不等式が導かれる．

×　　　　　　　×

　この測度 μ については，このほかに極限に関係のある重要な定理が導かれるのであるが，それには集合列の極限についての種々の予備知識が必要なので割愛せざるを得ない．

練 習 問 題 7

問題

1. 集合族 $\mathfrak{m}$ が，結び $\cup$ と差 $-$ について閉じているならば，交わり $\cap$ についても閉じているといってよいか．

2. 集合族 $\mathfrak{m}$ が結び $\cup$ と交わり $\cap$ について閉じておれば，差 $-$ についても閉じているといえるか．

3. 有限加法的測度（§4）μ の定

ヒントと略解

1. 閉じている．
　　一般に $A \cap B = A - (A - B)$ であるから，もし $A, B \in \mathfrak{m}$ ならば $A - B \in \mathfrak{m}$，したがって $A - (A - B) \in \mathfrak{m}$ すなわち $A \cap B \in \mathfrak{m}$ となる．

2. 閉じていない．差 $-$ は $\cup$ と $\cap$ を用いて表わすことができない．

3. $A \cup B = A \cup (B - A)$ で，A と $B - A$ は互に素であるから
$$\mu(A \cup B) = \mu A + \mu(B - A)$$

められている 集合族 $\mathfrak{m}$ におい
て，次の等式を証明せよ．

（1） $A, B \in \mathfrak{m}$ のとき

$$\mu(A \cup B) = \mu A + \mu B$$
$$\qquad - \mu(A \cap B)$$

（2） $A, B \in \mathfrak{m}$ のとき

$$\mu(A \cup B) \leqq \mu A + \mu B$$

ただし $\mu A, \mu B$ は有限である
とする．

4. E を任意の空間とし，その任
意の部分集合 A について A が
n 個の点のとき $\mu A = n$，A が
無限集合のとき $\mu A = \infty$ と定め
れば，μ は σ-加法的測度（§4）
であることをあきらかにせよ．

また $B - A = B - A \cap B$, $B \supset A \cap B$

$$\therefore \ \mu(B - A) = \mu(B - A \cap B)$$
$$= \mu B - \mu(A \cap B)$$

4. M_0 $0 \leqq \mu A \leqq +\infty$ はあきらか．

M_1 $\mu \phi = 0$ は仮定からあきらか．

M_2 $A_1, A_2, \cdots\cdots$ は互に素とする．

$A_1, A_2, \cdots\cdots$ がすべて有限集合のとき，ある番
号から先が空集合ならば，M_2 が成り立つことは
自明．そうでないときは，$\mu A_k \geqq 1$ のものが無限
にあるから $\sum_{k=1}^{\infty} \mu A_k = \infty$，一方 $\bigcup_{k=1}^{\infty} A_k$ も無限集合
だから，その測度は ∞ となって M_2 は成り立つ．

$A_1, A_2, \cdots\cdots$ に無限集合があるときは，$\bigcup_{k=1}^{\infty} A_k$
は無限集合だから，その測度は ∞，一方 $\sum_{k=1}^{\infty} \mu A_k$
も ∞ だから M_2 は成り立つ．

問題解法における 論理的思考

■ 必要条件と十分条件

「塵も積れば山となる」というほど大げさではないが，必要条件も積れば十分条件になる．この論理は問題解法においては，かなり基本的で，意外なところで偉力を発揮し，われわれをよろこばしてくれる．

1つの命題 p があるとしよう．もし p から q が導かれたら，すなわち

$$p \rightarrow q$$

が真であったら，q を p の**必要条件**というのであった．

なぜ必要条件というか．解説の仕方はいろいろあろう．対偶を用いればズバリのようである．$p \rightarrow q$ が真ならば $\overline{q} \rightarrow \overline{p}$ は真．q でないとするとけっして p にはならない．だから p であるためには，q であることが絶対に必要だというわけ．

真偽表による解説も可能．まず $p \rightarrow q$ の真偽表をかけ．次に $p \rightarrow q$ は真だから偽の場合を消す．この表で p が真のところをさがすと q は真である．そこで p が真になるには q が真になることが必要だとみる．q が真でも p は真のことも偽のこともあるか

p	q	$p \rightarrow q$
1	1	1
1	0	0
0	1	1
0	0	1

$\Rightarrow$

p	q	$p \rightarrow q$
1	1	1
□	□	□
0	1	1
0	0	1

ら，q が真だけでは p は真にならない．そこで p が真であるためには q が真であることは必ずしも十分でないことも読みとれよう．

×　　　　　　　×

命題 p があって，r から p が導かれたら，すなわち

$$r \rightarrow p$$

が真のときは，r を p の**十分条件**といった．

なぜ十分条件というか．r が真ならば p は必ず真になるのだから，r が真であることは p が真になるためには十分だというわけである．

念のため真偽表でみよう．$r \rightarrow p$ の真偽表をかき，これが偽の場合を消せ．r が真のところをみると，p は真になっているが，r が偽のところをみると，p は真のことも偽のこともある．これは r が真である

r	p	$r \to p$
1	1	1
1	0	0
0	1	1
0	0	1

⇒

r	p	$r \to p$
1	1	1
□	□	□
0	1	1
0	0	1

ことは，p が真であるために十分であることを表わしている.

×　　　　　　×

集合でみれば,理解は一層深まるだろう. ただし，この方法は，変数を含む命題，すなわち命題関数の 場合でないと 有効でない.

p, q, r を変数 x を含む命題とし,$p(x)$, $q(x)$，$r(x)$ で表わし，それぞれの真理集合を大文字 P, Q, R で表わすことにしよう.

$q(x)$ が $p(x)$ の必要条件のときは，$p(x) \to q(x)$ は真なのだから，集合でみれば $P \subset Q$ である. ある命題の真理集合より

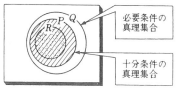

必要条件の真理集合
十分条件の真理集合

も, その必要条件の真理集合の方が大きい.

同様にして，$r(x)$ が $p(x)$ の十分条件のときは，$r(x) \to p(x)$ は真だから，集合では $R \subset P$ である. ある命題の真理集合よりも，その十分条件の真理集合は小さい.

×　　　　　　×

$p \to q$ が真のとき, p は q よりも**強い条件**, q は p よりも**弱い条件**ともいう. 条件が強くなるほど, それをみたすもの x は少なくなるから,真理集合の方は小さくなる.

命題関数	真理集合
$p \to q$ は真	$P \subset Q$ は真
(強)　(弱)	(小)　(大)
×	×

q が p の必要条件で，しかも十分条件のとき，つまり $p \to q$ と $q \to p$ がともに真のとき，q を p の**必要十分条件**とか，q を p であるための必要十分条件とかいう. これを略して p であるための条件ということも多い.

集合でみると $P \subset Q$ と $Q \subset P$ がともに成り立ち，$P = Q$ となる.

上の定義から当然なことだが，q が p の必要十分条件ならば，p は q の必要十分条件でもあり，このとき p と q は**同値**であるというのであった.

命題関数	真理集合
$p \leftrightarrow q$ は真	$P = Q$ は真
(同値)	(等しい)

➡**注**　条件文 $p \to q$ は一般には真のことも偽のこともある. とくに, これが真のときは $p \Rightarrow q$ とかくことがある.

また双条件文 $p \leftrightarrow q$（$p \rightleftarrows q$ ともかく）も一般には真のことも偽のこともあるが, とくに真のときは $p \Leftrightarrow q$（$p = q$ ともかく）で表わすことがある.

$p \leftrightarrow q$ は $(p \to q) \land (q \to p)$ と同値であるから $p \Leftrightarrow q$ は $(p \to q) \land (q - p)$ が真のこと, すなわち $p \to q$, $q \to p$ がともに真のことでもある.

$p \Rightarrow q \cdots\cdots p \to q$ が真のこと
$p \Leftrightarrow q \cdots\cdots p \leftrightarrow q$ が真のこと
　　　（$p \Rightarrow q$ かつ $q \Rightarrow p$ のこと）

■ 必要条件から十分条件へ

　理くつとしては必要条件,十分条件が一応わかったとしても,それで応用が万全なわけではない.なぜかというに,問題解法では必要十分条件が未知の場合が多いからである.

　p, q をともに与えられ,q は p の必要十分条件であることを証明せよというのであれば,$p \to q$ と $q \to p$ が真であることを示せばよいから,証明の指針は簡単である.

　ところが p だけを与えられ,p の必要十分条件を求めよとなると,未知の q をさぐることから出発しなければならないので,多面的な思考が要求される.

　そんな実例を,整数に関する問題から拾い出してみよう.

===== 例 1 =====

　関数 $f(x) = ax^2 + bx + c$ がすべての整数 x に対して整数値をとるための係数のみたす必要十分条件を求めよ.　　　（富山大）

　整数全体の集合を $\mathbf{Z}$ で表わすと,与えられた命題は,$x \in \mathbf{Z}$ のとき

　　すべての x について $f(x) \in \mathbf{Z}$

この命題の必要十分条件を a, b, c で表わしたものを求めようというのである.

　この問題解法には,ズバリ適用する定理がなく,必要十分条件を一気に求めることはできそうもない.

　このようなときに,数学でよく試みる手は,とにかく必要条件をいくつかみつけ,それを足がかりとする思考法である.必要条件がすぐ十分条件になることは少ないが,必要条件もいくつか集めれば十分条件になる場合が多い.

　┃ 必要条件を集めて,十分条件を作る ┃

　「集めて」は日常語,正確には「and で結合する」というべきところ.

　命題 p から q_1 を導く,さらに p から q_2 を導く,さらに p から q_3 を導いたとすれば,p から $q_1 \land q_2 \land q_3$ を導いたことになる.

　q_1, q_2, q_3 はいずれも p の必要条件であるが十分条件とは限らない.$q_1 \land q_2 \land q_3$ も p の必要条件であるが十分条件とは限らないが,運よく十分条件になったとすれば,p の必要十分条件を求める目的は果される.

　この考え方を図式化してみる.

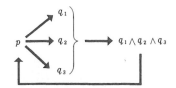

　集合でみると,まず P を含む集合 Q_1, Q_2, Q_3 を求める.当然 P は $Q_1 \cap Q_2 \cap Q_3$ に含まれる.そこでもし $Q_1 \cap Q_2 \cap Q_3$ が P にも含まれることが明らかになれば P と $Q_1 \cap Q_2 \cap Q_3$ と一致する.

　この考え方を例 1 に用いてみよう.

　すべての整数 x について $f(x)$ は整数になるのだから,x に適当な整数を代入したときも整数になる.代入する数は簡単なも

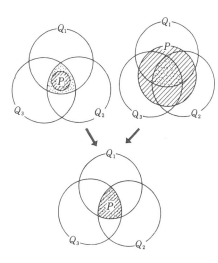

のがよい．たとえば0を代入して

$$f(0)=c\in\mathbf{Z} \qquad ①$$

これ必要条件ではあるが十分条件ではない．c が整数であっても，a,b が無条件では，$f(x)$ は整数とは限らない．

そこで，さらに x に1を代入し

$$f(1)=a+b+c\in\mathbf{Z} \qquad ②$$

を追加してみる．

①and②は必要条件だが，まだ十分条件ではない．なぜかというに $a=\sqrt{2}$，$b=-\sqrt{2}$，$c=0$ とおいてみると

$$f(x)=\sqrt{2}\,x^2-\sqrt{2}\,x$$

$f(-1)=2\sqrt{2}$ は整数ではないから．

そこで，さらに x に -1 を代入し

$$f(-1)=a-b+c\in\mathbf{Z} \qquad ③$$

を追加してしてみる．

①and②and③が必要条件であることはあきらか．そろそろ十分条件になってもよさそうなものだと期待をかけ検討には

いる．

②と③の等式を連立させて a,b について解いて，以上を整理すると

$$\begin{cases} a=-c+\dfrac{f(1)+f(-1)}{2} \\ b=\dfrac{f(1)-f(-1)}{2} \qquad ④ \\ c,\ f(1),\ f(-1)\in\mathbf{Z} \end{cases}$$

上の等式を用いて $f(x)$ から a,b を消去し，変形すると，

$$f(x)=f(1)\frac{x(x+1)}{2}+f(-1)\frac{(x-1)x}{2}$$
$$-c(x^2-1)$$

x は整数だから連続2整数の積 $x(x+1)$，$(x-1)x$ は2の倍数になるので，$\dfrac{x(x+1)}{2}$，$\dfrac{(x-1)x}{2}$ は整数である．しかも $c,\ f(1)$，$f(-1)$ は整数だから，$f(x)$ も整数である．したがって，④は十分条件でもあることが明らかになった．

これで目的の大半は達せられた．あとは求める条件④を整理して答をかくこと．

しかし，これは見かけによらずむずかしい．

①，②，③にもどって考えよう．

①，②，③が，次の①，②′，③′と同値であることは簡単にわかる．

$$\begin{cases} c\in\mathbf{Z} \qquad\qquad ① \\ a+b\in\mathbf{Z} \qquad\quad ②′ \\ a-b\in\mathbf{Z} \qquad\quad ③′ \end{cases}$$

①はこれ以上簡単にならない．問題は②′，③′を簡単にすることである．$m,\ n$ を任意の整数とすると②′，③′は

$$a+b=m, \qquad a-b=n$$

これを a,b，について解いて

$$a=\frac{m+n}{2},\ b=\frac{m-n}{2}\ (m,n\in\mathbf{Z}) \qquad ⑤$$

①と⑤を組合せたものが答であるが，⑤はこのままでは なんとなく 気持ちが 悪い．もっと簡単になりそうな気がするからである．

×   ×

m,n が任意の整数であっても $m+n$，$m-n$ が独立に任意の整数になるわけではないから⑤を

$$a=\frac{p}{2}, \quad b=\frac{q}{2} \quad (p,q\in\boldsymbol{Z})$$

とかきかえることはできない．その理由は

$$m-n=(m+n)-2n$$

とかきかえてみれば見当がつくはず．$m+n$ と $m-n$ は同時に偶数かまたは同時に奇数になり，一方が偶数で他方が奇数になる場合は起きない．

この事実を念頭において⑤を簡単にする．

$$a=\frac{m+n}{2}, \quad b=-n+\frac{m+n}{2}$$

$m+n$ は整数だから偶数の場合と奇数の場合に分けてみよう．

（i） $m+n$ が偶数のとき

a,b はともに整数になり，「$a,b,c\in\boldsymbol{Z}$」が答の1つ．

（ii） $m+n$ が奇数のとき

$m+n=2h+1$ とおいてみると

$$a=h+\frac{1}{2}$$
$$b=(h-n)+\frac{1}{2}$$

$h-n=k$ とおけば $b=k+\frac{1}{2}$

したがって「$c\in\boldsymbol{Z}$, $a=h+\frac{1}{2}$, $b=k+\frac{1}{2}$, $h,k\in\boldsymbol{Z}$」も答の1つである．

答 $\begin{cases} a,b,c\in\boldsymbol{Z} \\ h,k,c\in\boldsymbol{Z}, \quad a=h+\frac{1}{2}, b=k+\frac{1}{2} \end{cases}$

■ 必要条件に α 追加で十分条件

以上の方法は，必要条件をどれだけ用意すれば十分条件になるかの予想がむずかしいのが欠点である．

この欠点を補う1つの方法は，必要条件を用いて問題を書きかえ，ここでさらに条件 α をみつけて，一気に十分条件を作り挙げる方法である．

与えられたままでは手の施しようのない問題も，簡単に気付いた必要条件を用いて書きかえてみると，意外に考えやすくなることがある．

必要条件＋α で一気に十分条件へ

小手調べとして，この方法を例1にあてはめてみよう．

$f(0)=c$ から $c\in\boldsymbol{Z}$

次に $f(1)=a+b+c\in\boldsymbol{Z}$ と上の条件とから

$$a+b\in\boldsymbol{Z}$$

$a+b=n$ とおくと

$$b=n-a \quad (n\in\boldsymbol{Z})$$

以上の2つの必要条件を用いて，与えられた問題をかきかえると

$$f(x)=ax^2+(n-a)x+c$$
$$=a(x-1)x+nx+c \quad (n,c\in\boldsymbol{Z})$$

x は整数だから $nx+c$ も整数．一方 $(x-1)x$ は2の倍数であったから，$f(x)$ が整数になるためには a が $\frac{m}{2}$ $(m\in\boldsymbol{Z})$ の形の有理数であることが必要十分である．

そこで答は

$$c, m, n \in \boldsymbol{Z}, \quad a = \frac{m}{2}, \quad b = n - \frac{m}{2}$$

となる.

m, n は整数だから m が偶数のときと奇数のときに分ければ，前の答と一致する．それを確かめるのは読者の課題としよう．

   ×   ×

もっと適切な例を入試問題から拾ってみよう．

==== 例 2 ====

x が整数のとき，関数

$$f(x) = \frac{x^3 + ax^2 + bx + 1}{x^2 + 1}$$

の値がいつも整数になるのは，係数 a, b がどんな値のときか．   (学習院大)

このままでは手の下しようがない．とにかく必要条件をいくつか出し，それを用いて考えやすくしよう．

$x = 0$ とおいてみると $f(0) = 1$ で何んの条件も出ない．

そこで $x = 1, -1$ とおいてみると

$$f(1) = \frac{a + b + 2}{2} \in \boldsymbol{Z}$$

$$f(-1) = \frac{a - b}{2} \in \boldsymbol{Z}$$

これを a, b について解くと

$$a = f(1) + f(-1) - 1$$

$$b = f(1) - f(-1) - 1$$

となるから

  a, b は整数   ①

になる．もちろんこれは必要条件であるが十分条件ではない．しかし，これを用いると与えられた問題は考えやすくなる．

分子を分母で割って，整式の部分を分離

してみよ.

$$f(x) = x + a + \frac{(b-1)x + (1-a)}{x^2 + 1}$$

$x + a$ は整数だから，分数式の値が整数になることが必要十分条件．分子と分母の値の比較が解決のカギを握る．

分母は 2 次関数．分子は高々 1 次関数．したがって，その絶対値は，$|x|$ を大きくしたとき，分子は分母の大きくなるのにはかなわない．そこで，$|x|$ を十分大きくすることによって

$$x^2 + 1 > |(b-1)x + (1-a)|$$

すなわち

$$0 \leqq \left| \frac{(b-1)x + (1-a)}{x^2 + 1} \right| < 1$$

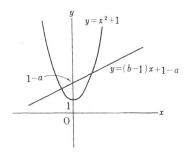

となるようにできる．

したがって，この分数式の値が絶対値の十分大きい整数 x について整数になるとすると，その整数は 0 以外にはあり得ないから

  $(b-1)x + (1-a) = 0$

これが，絶対値の十分大きい整数 x について常に成り立つことから，

  $a = 1, \quad b = 1$ ②

①に②を追加することによって 必要十分条件が得られたが，②が成り立てば①

は成り立つから，求める条件は②だけで
よい．

■ 関数方程式への応用

例1の与えられた条件は，整数全体を Z，
実数全体を R とすると，

x の全体集合は Z

a, b, c の全体集合はともに R

である．そして与えられた命題は，全称記
号 $\forall$（すべて）を用いて表わすと

$$\forall x (ax^2 + bx + c \in Z)$$

であった．

そして必要条件をもとめるためには，x
に特定の値 $0, 1, -1$ を代入した．

一般に，x についての全称命題

$$\forall x\, p(x)$$

が成り立つときは，x に特定の値 x_1 を代
入したときも成り立つ．すなわち

$$\forall x p(x) \Longrightarrow p(x_1)$$

したがって，$p(x_1)$ は $\forall x p(x)$ の必要条
件である．

　　　　　×　　　　　　　　　×

これをさらに x, y についての全称命題

$$\forall x \forall y\, p(x, y) \qquad ①$$

にあてはめると

$$\forall x \forall y\, p(x, y) \Longrightarrow \forall y\, p(x_1, y)$$

$$\forall x \forall y\, p(x, y) \Longrightarrow \forall x\, p(x, y_1)$$

さらに

$$\forall x \forall y\, p(x, y) \Longrightarrow p(x_1, y_1)$$

などの論理法則が成り立ち，

$$\forall y\, p(x_1, y),\ \forall x\, p(x, y_1),\ p(x_1, y_1)$$

はいずれも①の必要条件になる．

2つの変数に関する全称命題で，以上の
法則によって，必要条件を求め，さらに十
分条件かどうかを検討する実例を挙げてみ
る．

========= 例3 =========

x の多項式 $f(x)$ で，任意の実数 u, v に
対して

$$\frac{f(u) + f(v)}{2} = f\left(\frac{u + v}{2}\right)$$

をみたすのは $f(x) = Ax + B$（A, B は定
数）に限るか．　　　　　　　（都立大）

与えられた条件は全称記号で表わすと，

$$\forall u \forall v \left(\frac{f(u) + f(v)}{2} = f\left(\frac{u + v}{2}\right)\right) \quad ①$$

である．$f(x) = Ax + B$ が①の十分条件
であることはたやすく分るから，残るのは
必要条件の証明である．

①が成り立てば，$v = 0$ とおいたもの

$$\forall u \left(\frac{f(u) + f(0)}{2} = f\left(\frac{u}{2}\right)\right) \quad ②$$

も成り立つから，②は①の必要条件であ
る．②を簡単にするため $u = 2t$ とおけば

$$\forall t (f(2t) + f(0) = 2f(t)) \qquad ③$$

$f(x)$ は x の多項式だから

$$f(x) = a_0 x^n + a_1 x^{n-1} + \cdots + a_{n-1} x + a_n$$
$$(n \geqq 2)$$

とおいてみると③は

$$a_0(2t)^n + a_1(2t)^{n-1} + \cdots + a_{n-1}(2t) + 2a_n$$
$$= 2(a_0 t^n + a_1 t^{n-1} + \cdots + a_{n-1} t + a_n)$$

これは t についての恒等式であるから，
両辺の係数をくらべて

$$2^{n-1}a_0 = a_0,\ 2^{n-2}a_1 = a_1,\ \cdots\cdots$$
$$\cdots 2a_{n-2} = a_{n-2},\ a_{n-1} = a_{n-1},\ a_n = a_n$$

すなわち
$$a_0 = 0, \quad a_1 = 0, \cdots\cdots, \quad a_{n-2} = 0$$
よって
$$f(x) = a_{n-1}x + a_n$$

これは③，すなわち②から導いたものだから①の必要条件である．

そこで $a_{n-1} = A,\ a_n = B$ とおいた
$$f(x) = Ax + B$$
$$(A, B \text{ は定数}) \qquad ④$$
は①の必要十分条件である．いいかえれば①をみたすのは④に限る．

■ **方程式の解法への応用**

方程式を解くということは，方程式の解集合を求めることであるが，方程式の同値と深い関係があり，必要条件，十分条件の考えが絶えず用いられる．

x についての整方程式 $f(x) = 0$ の解集合が $\{2, 3\}$ であることは，重根を無視すれば
$$f(x) = 0 \iff x = 2 \lor x = 3$$
となることである．

方程式は同値変形のみで解くことは望ましいけれども，連立方程式では無理な場合がある．そのような場合には，まず必要条件を求め，もとの方程式へもどって十分条件かどうかを確かめればよいわけである．

連立方程式の加減法は，一般には必要条件を導くものであるから，十分条件かどうかの検討を忘れてはならない．

たとえば
$$A = 0 \qquad\qquad ①$$

$$B = 0 \qquad\qquad ②$$
に加減法を試み
$$mA + nB = 0 \qquad\qquad ③$$
を導き，これを①と組合せたとすると
$$\begin{cases} ① \\ ② \end{cases} \Longrightarrow \begin{cases} ① \\ ③ \end{cases}$$
であるが，この逆が真であることは保証できない．逆が真であるためには $n \neq 0$ を追加しなければならない．

$n \neq 0$ のとき
$$\begin{cases} ① \\ ② \end{cases} \iff \begin{cases} ① \\ ③ \end{cases}$$

===== 例 4 =====

次の連立方程式を解け．
$$\begin{cases} ax + (4a-1)y = 2a & ① \\ (2a+1)x + 9ay = 6 & ② \end{cases}$$
═══════════════════════

加減法によってみる．
①×9a－②×(4a−1) から
$$(a-1)^2 x = 6(a-1)(3a-1) \quad ③$$
②×a－①×(2a+1) から
$$(a-1)^2 y = -4a(a-1) \qquad ④$$
$a \neq 1$ のとき
$$x = \frac{6(3a-1)}{a-1}, \quad y = -\frac{4a}{a-1} \quad ⑤$$
この解き方は逆が成り立つことの保証がないから，もとの方程式に代入してみないことには，解かどうかわからない．①, ②に実際に代入してみると，これらをみたすから，⑤は解である．

$a = 1$ のとき

③，④から，x, y は独立に任意となるが，これも，もとの方程式にもどってみないことには保証の限りでない．$a = 1$ を①，

194

②に代入してみると

$$\begin{cases} x+3y=2 \\ 3x+9y=6 \end{cases}$$

これは $x+3y=2$ と同値だから，求める解は， $x+3y=2$ をみたす x,y の値である．したがって，③，④は①，②と同値でないことが明らかになった．

答は

$a \neq 1$ のとき $x=\dfrac{6(3a-1)}{a-1}$, $y=-\dfrac{4a}{a-1}$

$a=1$ のとき $x+3y=2$

×   ×

2つ以上の方程式が共通根をもつことは，連立方程式が根をもつことと同じである．したがって共通根に関する問題の解法でも加減法は有効で，それを用いれば，当然必要条件か十分条件かの判断を迫られる．

===== 例5 =====

次の3つの方程式が少なくとも1つの実根を共有するための必要十分条件を求めよ．

$$ax^2+bx+c=0 \qquad ①$$
$$bx^2+cx+a=0 \qquad ②$$
$$cx^2+ax+b=0 \qquad ③$$

ただし a,b,c は0でない実数とする．

(類題 慶大)

①，②，③が共通根を持ったとすると，その共通根 x に対して①，②，③は成り立つ．これらの方程式から x を消去して a,b,c の関係を導けばよい．式の形に目をつけ，加減法を用いる．

①+②+③を作ると

$$(a+b+c)(x^2+x+1)=0$$

仮定によって x は実数であるから

$$x^2+x+1=\left(x+\frac{1}{2}\right)^2+\frac{3}{4}>0$$

したがって

$$a+b+c=0 \qquad ④$$

ここで，すぐ，④を答だとする解答にしばしばお目にかかる．④は必要条件ではあるが，十分条件かどうかは不明だから，答と断定するのはまだ早い．

④が成り立てば， $x=1$ は①，②，③をみたすから $x=1$ はこれらの3つの方程式の共通根であり，したがって④は十分条件でもある．

■ 整数解を求めるときへの応用

方程式の整数解を求める方法は，特殊な方程式を除いては一般的方法がないので，必要条件を積み重ねていって十分条件に仕上げる方法に頼らざるを得ない．

===== 例6 =====

$\dfrac{1}{p}+\dfrac{1}{q}+\dfrac{1}{r}=1$ をみたす自然数の組 $(p,\ q,\ r)$ を全部求めよ． (中央大)

方程式は p,q,r についての対称式であるから，これらの未知数は平等である．したがって $p \geqq q \geqq r$ の場合を解くことができれば，それをもとにしてすべての解が求められる．

$p \geqq q \geqq r$ と仮定する． p,q,r は自然数であるから

$$\frac{1}{p} \leqq \frac{1}{q} \leqq \frac{1}{r}$$

これを，与えられた方程式に適用して，

とにかく必要条件を求め，それを手がかりとしよう．

$$1=\frac{1}{p}+\frac{1}{q}+\frac{1}{r}\leqq\frac{3}{r}$$

$$r\leqq3$$

$$\therefore\quad r=1,\ 2,\ 3$$

これらをもとの方程式に代入して，p,q の値を求める．

$r=1$ のとき

$$\frac{1}{p}+\frac{1}{q}=0\quad\therefore\quad p+q=0$$

これをみたす自然数 p,q はない．

$r=2$ のとき

$$\frac{1}{p}+\frac{1}{q}=\frac{1}{2},\quad pq-2p-2q=0$$

$$(p-2)(q-2)=4$$

$p-2\geqq q-2>0$ を考慮して

$p-2=4,\ q-2=1$ から $p=6,\ q=3$

$p-2=2,\ q-2=2$ から $p=4,\ q=4$

$r=3$ のとき

$$\frac{1}{p}+\frac{1}{q}=\frac{2}{3}\quad 2pq-3p-3q=0$$

$$(2p-3)(2q-3)=9$$

$2p-3\geqq2q-3>0$，かつ $2p-3,\ 2q-3$ は奇数であることを考慮して

$2p-3=9,\ 2q-3=1$ から $p=6,\ q=2$

$2p-3=3,\ 2q-3=3$ から $p=3,\ q=3$

$p=6,\ q=2$ は $q\geqq r$ に反するから捨てて求める解は

(6, 3, 2) (4, 4, 2)，(3, 3, 3)

よって，$p\geqq q\geqq r$ なる条件を取り去ることによって，求める解は

(3, 3, 3)

(2, 4, 4)，(4, 2, 4) (4, 4, 2)

(6, 3, 2)，(6, 2, 3) (2, 6, 3)

(3, 6, 2)，(3, 2, 6) (2, 3, 6)

➡注1　例5を $p\geqq q\geqq r$ なる制限のもとで解くのはよいが，答として，これをみたすもの3組だけを挙げておくのは問題の要求にそわない．10組を挙げるのが正解である．

➡注2　a,b,c,d を整数とするとき

$$axy+bx+cy+d=0\quad(a>0)$$

の形の2次方程式は，次の変形によって常に解くことができる．

$a=1$ のとき

$$xy+bx+cy+bc=bc-d$$

$$(x+c)(y+b)=bc-d$$

ここで $d+bc$ を2つの因数の積に分ける．

$a\neq1$ のとき

両辺に a をかけてから変形する．

$$a^2xy+abx+acy+bc=bc-ad$$

$$(ax+c)(ay+b)=bc-ad$$

ここで $bc-ad$ を2つの因数の積に分ける．

×　　　　　　　×

次に，連立不等式の例を挙げよう．

===== 例7 =====

$1<x+5y<5,\ -1<2x+7y<3$

を同時に満足させる x,y の整数値を求めよ． 　　　　　（東京教育大）

2つの不等式を加えて導いた不等式は必要条件であるが，一般には十分条件ではなく，十分条件になることは等式の場合よりもまれである．たとえば

$$\begin{cases}A>B & \text{①}\\ C>D & \text{②}\end{cases}$$

を解くのに，①＋②を作り

$$A+C>B+D\qquad\text{③}$$

を導いたとする．これを①または②と組合せたものは①,②の必要条件ではあるが，十分条件になることはまれである．す

なわち

$$\begin{cases} ① \\ ② \end{cases} \Rightarrow \begin{cases} ① \\ ③ \end{cases}, \quad \begin{cases} ① \\ ② \end{cases} \Rightarrow \begin{cases} ③ \\ ② \end{cases}$$

の逆は成り立たないことが多い.

しかし，不等式を解くのに，上のような方法が無意味なわけではない．必要条件は十分条件を生み出す母体として活用できる．

$$1<x+5y<5 \qquad ①$$
$$-1<2x+7y<3 \qquad ②$$

①，②から，たとえば x を消去するにはどうすればよいか．同じ向きの不等式は加えてもよいが，引くことはできない．そこで①の両辺に -2 をかける．

$$-2>-2x-10y>-10$$

不等号の向きを②に合わせるため，向きが反対になるように式の順序をかえると

$$-10<-2x-10y<-2 \qquad ③$$

ここで②+③を作ると x が消去される．

$$-11<-3y<1$$
$$3\frac{2}{3}>y>-\frac{1}{3}$$

y は整数であることを考慮すれば，上の必要条件から，y の範囲は一層せまくなる．

$$y=0, 1, 2, 3$$

これらをもとの方程式に代入する．

$y=0$ のとき

$$1<x<5, \quad -\frac{1}{2}<x<1\frac{1}{2}$$

これをみたす整数 x はない．

$y=1$ のとき

$$-4<x<0, \quad -4<x<-2$$
$$\therefore \quad x=-3$$

$y=2$ のとき

$$-9<x<-5, \quad -7\frac{1}{2}<x<-5\frac{1}{2}$$
$$\therefore \quad x=-6, -7$$

$y=3$ のとき

$$-14<x<-10, \quad -11<x<-9$$

これをみたす整数 x はない．

答　$(-3, 1), (-6, 2), (-7, 2)$

➡注1　$x+5y,\ 2x+7y$ は整数であるから，与えられた不等式は

$$2\leqq x+5y\leqq 4,\ 0\leqq 2x+7y\leqq 2 \qquad ①$$

と同値である．これから，上と同様にして x を消去すれば $0\leqq y\leqq 2\frac{1}{3}$ となって $y=0$, 1, 2 がえられ，前よりも無駄が少なくなる．

➡注2　y の制限を出すのに，次の方法をとれば，一層範囲はせばめられる．①をそれぞれ x について解いて

$$2-5y\leqq x\leqq 4-5y$$
$$-\frac{7}{2}y\leqq x\leqq 1-\frac{7}{2}y$$

これが成り立つときは

$$2-5y\leqq 1-\frac{7}{2}y,\ -\frac{7}{2}y\leqq 4-5y$$

これらを y について解いてみると

$$\frac{2}{3}\leqq y\leqq 2\frac{2}{3} \qquad \therefore \quad y=1, 2$$

$$\times \qquad\qquad\qquad \times$$

もっとむずかしい不等式の解法の例をあげてみよう．

===== 例8 =====

不等式

$$ab+1\leqq abc\leqq bc+ca+ab+1$$

をみたす自然数 a, b, c のすべての組をもとめよ．ただし $a>b>c$ とする．（東工大）

見るからにやっかいな問題である．a, b, c をくらべてみると，与えられた不等式は a, b については平等であるが，c は特殊な関係にある．そこで，c について解き，c の範囲を求めよう．各辺を ab で割って

$$1+\frac{1}{ab} \leqq c \leqq c\left(\frac{1}{a}+\frac{1}{b}\right)+1+\frac{1}{ab}$$

$1-\frac{1}{a}-\frac{1}{b} \geqq 1-\frac{1}{3}-\frac{1}{2}>0$ であるから，

$$1+\frac{1}{ab} \leqq c \leqq \frac{1+\frac{1}{ab}}{1-\left(\frac{1}{a}+\frac{1}{b}\right)} \qquad ①$$

はじめの不等式から $c \geqq 2$，したがって

$$b \geqq 3, \qquad a \geqq 4$$

① の右辺は a, b についての減少関数であるから，

$$c \leqq \frac{1+\frac{1}{3\cdot4}}{1-\left(\frac{1}{3}+\frac{1}{4}\right)}=2\frac{3}{5}$$

$$\therefore \quad c=2$$

この c をもとの不等式に代入して

$$ab \leqq 2(a+b)+1$$
$$(a-2)(b-2) \leqq 5$$

$a-2>b-2 \geqq 1$ であるから，もしも $b-2$ $\geqq 2$ とすると $a-2 \geqq 3$ となって上の不等式をみたさない．したがって

$$b-2=1, \qquad a-2=2, 3, 4, 5$$

よって

$$b=3, \qquad a=4, 5, 6, 7$$

以上から，求める a, b, c の値は次の4組である．

$$(4, 3, 2) \qquad (5, 3, 2)$$
$$(6, 3, 2) \qquad (7, 3, 2)$$

➡注　$xy+ax+by+c<0$ の形の不等式の整数解は，方程式の場合と同様に

$$(x+b)(y+a)<ab-c$$

とかきかえて解く．

===== 例9 =====

$2x+ay=2$，$(a+2)x-y=a+6$ を同時にみたす整数 x, y を求めよ．

この問題では x, y は整数であるが，a は整数かどうかわからない．したがって正体不明の a を消去してみるのが常識であろう．

2つの方程式を a について整理すると

$$ya+2(x-1)=0 \qquad ①$$
$$(x-1)a+2x-y-6=0 \qquad ②$$

①×$(x-1)$－②×y を作れば

$$2(x-1)^2-(2x-y-6)y=0$$

y について整理して

$$y^2-2(x-3)y+2x^2-4x+2=0$$

y は整数であるから③は整数根をもつ．

$$y=x-3\pm\sqrt{-x^2-2x+7} \qquad ③$$

これが整数であるためには，まず実数であることが必要．そこで

$$D=-x^2-2x+7 \geqq 0$$

を解いてみる．

$$-1-\sqrt{8} \leqq x \leqq -1+\sqrt{8}$$

これをみたす x の整数値は $-3, -2, -1,$ $0, 1$ である．これらのうち，さらに D が完全平方数になるものを選ぶ．

$$D=8-(x+1)^2$$

$$x=-3, 1 \text{ のとき } D=4$$
$$x=-2, 0 \text{ のとき } D=7$$
$$x=-1 \quad \text{ のとき } D=8$$

D が完全平方数になるのは $x=-3, 1$ である．

$$x=-3 \text{ のとき } y=-4, -8$$
$$x=1 \quad \text{ のとき } y=0, -4$$

そこで答として

$$(-3, -4), (-3, -8), (1, 0), (1, -4)$$

を挙げたとすれば大失策になる．そんな馬鹿なことがあるものかと思う読者は，これらの値を ①, ② に代入してみて驚くはず．

198

$x=-3, y=-4$ のとき

$$\begin{cases} -4a-8=0 \\ -4a-8=0 \end{cases} \quad \therefore a=-2$$

$x=-3, y=-8$ のとき

$$\begin{cases} -8a-8=0 \\ -4a-4=0 \end{cases} \quad \therefore a=-1$$

$x=1, y=0$ のとき

$$\begin{cases} 0 \cdot a+0=0 \\ 0 \cdot a-4=0 \end{cases} \quad a=?$$

$x=1, y=-4$ のとき

$$\begin{cases} -4a+0=0 \\ 0 \cdot a+0=0 \end{cases} \quad \therefore a=0$$

$x=1, y=0$ は ① をみたすが ② をみたさないから題意に合わない. なぜ, こんなことに なったか. 真相を論理的に みれば「ウソからマコトが出る」ということ.

われわれは ①, ② をみたす x,y があるという仮定のもとに推論をすすめた. すなわち

$$\begin{cases} ① \\ ② \end{cases} \Longrightarrow ③ \Longrightarrow \cdots \Longrightarrow x=\square, \ y=\square$$

しかし, 条件文が真であっても仮定が偽のことがあり得る. 条件文の真偽表をみれば明らかなように, 仮定が偽のときは結論の真偽に関係なく条件文は真になる. だから一般に p から q を導いたとき, すなわち

$$p \Longrightarrow q$$

のとき, q が真であるからといって p も真とはいえない. 変数でみれば q をみたす値が p をみたすとは限らない. 真理集合でみると $P \subset Q$ だから, Q の元には P に属さないものがありうる.

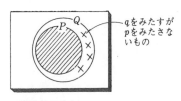

上の例でみると

$$\begin{cases} ① \\ ② \end{cases} \Longrightarrow ③$$

であるが, ③ をみたす x,y が ①, ② を同時にみたすとは限らないということ.

$x=1, y=0$ は ③ をみたすが ①, ② を同時にはみたさない. このように加減法は怖いのだ. 便利ではあるが. 加減法は必要条件を導くが, その導いたものが必ずしも十分条件にはならないことをしかと頭に入れて置いて頂きたい.

■ 論理法則 と 必要条件, 十分条件

論理法則の適用で, 特に注意を要するのは, 必ずしも成り立たないものは, ある特定の命題では成り立つことである. たとえば, 逆は必ずしも真でないが, ある条件文では逆が成り立つ. この事実は必要十分条件かどうかを見分ける場合に重要である.

実例を述語論理から拾ってみよう. x,y についての命題関係を $p(x,y)$ とすると, 次の論理法則が成り立った.

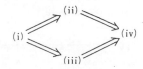

ただし

（ⅰ）　$\forall x \forall y\ p(x,y)$

（ⅱ）　$\forall x \exists y\ p(x,y)$

（ⅲ）　$\exists x \forall y\ p(x,y)$

（ⅳ）　$\exists x \exists y\ p(x,y)$

論理法則だから，条件文

（ⅰ）→（ⅱ），（ⅰ）→（ⅲ），

（ⅱ）→（ⅳ），（ⅲ）→（ⅳ）

は $p(x,y)$ がどのような命題であっても成り立つので問題ない．

注意を要するのはこれらの逆である．「任意の命題関数 $p(x,y)$ について逆が成り立つ」は偽であるが，「ある $p(x,y)$ について逆が成り立つ」は真である．したがって $p(x,y)$ が特定の命題のときは，逆が成り立つこともあり，（ⅰ）と（ⅱ），（ⅰ）と（ⅲ），（ⅱ）と（ⅳ），（ⅲ）と（ⅳ）の中に同値のものがあるかもしれない．（ⅱ）と（ⅲ）も一般には論理関係がないが，特定の命題関数のときは，一方が他方の十分条件になったり，必要条件になったりすることがある．

たとえば $p(x,y)$ として

$$x^2+ay\geqq 0 \qquad (a,x,y\in\boldsymbol{R})$$

を選んでみよ．

（ⅰ）　$\forall x \forall y\ (x^2+ay\geqq 0) \Leftrightarrow a=0$

（ⅱ）　$\forall x \exists y\ (x^2+ay\geqq 0) \Leftrightarrow a$ は任意

（ⅲ）　$\exists x \forall y\ (x^2+ay\geqq 0) \Leftrightarrow a=0$

（ⅳ）　$\exists x \exists y\ (x^2+ay\geqq 0) \Leftrightarrow a$ は任意

したがって，この場合には

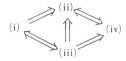

となるので，（ⅰ）と（ⅲ），（ⅱ）と（ⅳ）は同

値である．また（ⅱ），（ⅲ）は一般には無関係なのに，この例では（ⅲ）から（ⅱ）が導かれ，（ⅲ）は（ⅱ）の十分条件，（ⅱ）は（ⅲ）の必要条件になる．

以上のことを念頭に置いて，次の問題を解いてみよう．

===== 例10 =====

次の□□にあてはまるのは，下記のイ，ロ，ハ，ニの中のどれであるか．2つの実数 a,b についての命題「どんな実数 x に対してもそれぞれ適当な実数 y をとれば $ax \neq by$ となる」がなりたつために，

（ⅰ）「どんな実数 x をとってもそれぞれ適当な y をとれば $ax=by$ となる」ことは□□である．

（ⅱ）「どんな実数 x をとってもそれぞれ適当な実数 y をとれば $ax=by$ となる」ことは□□である．

（ⅲ）「適当な実数 x をとればどんな実数 y に対しても $ax=by$ となる」ことは□□である．

（ⅳ）「適当な実数 x をとれば適当な実数 y に対して $ax=by$ となる」ことは□□である．

イ．必要かつ十分な条件

ロ．十分であるが必要でない条件

ハ．必要であるが十分でない条件

ニ．必要でも十分でもない条件

（東大）

実数全体を $\boldsymbol{R}$ とすると

$$a,b,x,y\in\boldsymbol{R}$$

すべての命題を全称記号 $\forall$，存在記号 $\exists$ を

用いてもかきかえてみる.

はじめに与えられた命題は

$$\forall x \exists y \,(ax \neq by)$$

これが成り立たない場合を（ⅰ），（ⅱ），（ⅲ），（ⅳ)と比較するのであるから，否定命題を作り．（※)で表わしておくと

（※）　$\exists x \forall y \,(ax = by)$

同様に記号化して

（ⅰ）　$\forall x \forall y \,(ax = by)$

（ⅱ）　$\forall x \exists y \,(ax = by)$

（ⅲ）　$\exists x \forall y \,(ax = by)$

（ⅳ）　$\exists x \exists y \,(ax = by)$

さて，論理法則によれば，一般には

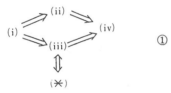

であるが，本問は命題関数が特定の等式 $ax = by$ であるから，上の法則以外にも導く関係の成立するものがあるかもしれない．したがって，（ⅰ），（ⅱ），（ⅲ），（ⅳ)を簡単な命題 $(a, b$ のみの命題関数) に直した上で，導く関係を検討するのでないと，答をかくわけにいかない．

（ⅰ)〜（ⅳ)をすべて，∀，∃ のない命題に直すと

（ⅰ）$\Leftrightarrow a = b = 0$

（ⅱ）$\Leftrightarrow a = b = 0$ or a は任意，$b \neq 0$

（ⅲ）$\Leftrightarrow a$ は任意，$b = 0$

（ⅳ）$\Leftrightarrow a, b$ は任意

これらの真理集合を ab-平面上の点集合でみると，（ⅰ)は原点，（ⅱ)は平面全体から a 軸の正の部分と負の部分を除いた領域，（ⅲ)は a 軸上，（ⅳ)は平面全体である．

座標平面よりも，次のベン図が見やすいかもしれない．

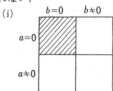

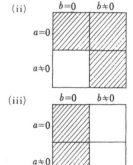

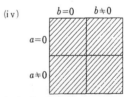

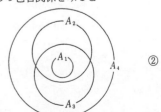

（ⅰ），（ⅱ），（ⅲ），（ⅳ），（※）の真理集合をそれぞれ $A_1, A_2, A_3, A_4, A^{*}$ とおいて，これらの包含関係をみると

この図の包含関係はすべて真部分集合になる場合である.

②は命題の導く関係でみれば①と一致する. したがって①以外に導く関係は存在しないから, これから必要条件, 十分条件を読みとれば正しい答が得られる.

（ⅰ）は（※）の十分条件であるが必要条件ではない. ☐ ロ

（ⅱ）は（※）の必要条件でも十分条件でもない. ☐ ニ

（ⅲ）は（※）と同値 ☐ イ

（ⅳ）は（※）の必要条件であるが十分条件ではない. ☐ ハ

    ×   ×

もう１つの新鮮な例を挙げよう.

変数 x を含む命題関数を $p(x), q(x)$ とするとき, もし

$$\forall x(p(x) \to q(x)) \qquad ①$$

が真であったとすると

$$\forall x\, p(x) \to \forall x\, q(x) \qquad ②$$

もまた真である.

なぜかというに, 集合でみれば①は $P \subset Q$ と同値で, ②の $\forall x\, p(x)$ は $P = \varOmega$（全体集合）, $\forall x\, q(x)$ は $Q = \varOmega$ と同値である. したがって $P \subset Q$ のとき $P = \varOmega$ ならば $Q = \varOmega$ となり, ①が真なら②も真であることがわかる.

そこで一般に①が真の場合には

    $\forall x\, q(x)$ は $\forall x\, p(x)$ の必要条件

であるが, 十分条件とは限らない. しかし, $p(x), q(x)$ がある特定の命題関数の場合には十分条件にもなり,

    $\forall x\, q(x)$ と $\forall x\, p(x)$ とは同値

になることが起きる.

そのよい例が次の問題である.

===== 例11 =====

３つの実数 a, b, c に関するつぎのような条件 (イ), (ロ), (ハ) がある.

(イ)「負でない任意の３つの実数 x, y, z に対して, $ax+by+cz > -1$」

(ロ)「負でない任意の３つの実数 x, y, z に対して, $ax+by+cz \geqq 0$」

(ハ)「$a \geqq 0, b \geqq 0, c \geqq 0$」

これらについて, (ロ) は (イ) の ☐⑴ 条件であり, (ハ) は (イ) の ☐⑵ 条件である.

この☐の中に入れる言葉のうち, 適当と思われるものを, 下の A, B, C, D の中から選べ.

A：必要で十分な

B：必要だが十分でない

C：十分だが必要でない

D：必要でも十分でもない   （慶大）

変数は x, y, z の３つであるが, 先にあげた論理法則と内容的に同じものである.

実数全体を $\boldsymbol{R}$, 負でない実数全体を $\boldsymbol{R}^*$ とすると

$$a, b, c \in \boldsymbol{R}, \qquad x, y, z \in \boldsymbol{R}^*$$

であって,

(イ) $\forall x\, \forall y\, \forall z\, (ax+by+cz > -1)$

(ロ) $\forall x\, \forall y\, \forall z\, (ax+by+cz \geqq 0)$

ところが, ２つの不等式をくらべてみると

$$ax+by+cz \geqq 0 \ \text{ならば} \ ax+by+cz > -1$$

となる. これは全称記号をつけて表わせば

$$\forall x\, \forall y\, \forall z\, (ax+by+cz \geqq 0$$
$$\text{ならば} \ ax+by+cz > -1)$$

202

が真ということ. このとき, 前の論理法則と同じ理由で,

$$(ロ) \longrightarrow (イ)$$

は真である. したがって

(ロ) は (イ) の十分条件

である.

これは論理法則からの帰結で, 一般にいえることの確認に過ぎない. 上の例では命題関数が特定のものだから, さらに (ロ) は (イ) の必要条件になるかもしれない. それは検討してみないことにはなんともいえない.

そこで (イ), (ロ) を x, y, z を含まない命題に同値変形を試みる. (ハ) は, そのための誘い水のようなもの.

(ハ) があれば (イ), (ロ) の成り立つことは容易にわかる.

$$(ハ) \Longrightarrow (イ), \quad (ハ) \Longrightarrow (ロ)$$

さらに (ロ) $\Longrightarrow$ (ハ) も, x, y, z に特殊な値を代入することによって証明できる. たとえば

$x=1, \ y=0, \ z=0$ とおいて $a \geqq 0$

$x=0, \ y=1, \ z=0$ とおいて $b \geqq 0$

$x=0, \ y=0, \ z=1$ とおいて $c \geqq 0$

となるから. これに先に知って (ロ) $\Longrightarrow$ (イ) を加え, 1つの図式にまとめてみる.

答をかくのはまだ不安. (イ)→(ロ), (イ)→(ハ) の真偽を確かめてないから. この2つは, どちらか一方が真ならば, 他は真になるこ

とが 図からわかる. そこで考えやすい (イ)→(ハ) の真偽を先にみよう. すなわち

$$\forall x \forall y \forall z \, (ax+by+cz > -1)$$
$$\to a \geqq 0, \ b \geqq 0, \ c \geqq 0,$$

の真偽をみる.

背理法による. $a < 0$ とすると, $x = -\dfrac{2}{a}$, $y=0, \ z=0$ に対して

$$ax+by+cz = -2 < -1$$

となって仮定に反する. よって $a \geqq 0$, 同様にして $b \geqq 0, \ c \geqq 0$ となる. そこで

$$(イ) \Longrightarrow (ハ)$$

これを図に追加してみよ. (イ),(ロ),(ハ) は同値になる. したがって正しい答は

(1) A   (2) A

である.

一般に成り立つ論理法則だけを頼りにしていると, 答は (1) C, (2) C となって, 思わぬ失敗をする.

論理は怖い. いや不消化な論理学の知識は, 無知よりも怖いのである. 不消化は空腹に劣るのである.

練 習 問 題

1. 次の2つの関係式をみたす自然数の組 (x, y, z) を全部求めよ. (log は常用対数を表わす)

$$\log(x+y+z) = 1$$
$$\log(x^3+y^3+z^3) < 2 + \log 2$$

（京都府医大）

2. 2次方程式 $ax^2+bx+c=0$ の2根の比が $3:2$ であるための必要十分条件を求めよ.

3. m が 0 でない実数, $\frac{x}{y}$ が整数であるとき,
$$(m-1)x-(m-2)y=2m+1$$
$$mx-(m-1)y=m+1$$
を同時にみたす x, y の数値を求めよ.
（名古屋工大）

4. 2次方程式 $x^2+(n-17)x+m-2=0$ の2根がともに自然数であるように m の値を定めよ.

5. 次の3つの方程式が少なくとも1つの共通根をもつための条件を求めよ.
$$ax^2+bx+c=0$$
$$bx^2+cx+a=0$$
$$cx^2+ax+b=0$$
ただし a, b, c はすべて 0 でない複素数とする.

6. $\alpha x+\beta y+\gamma z=0$ をみたすすべての x, y, z に対して方程式
$$ax+by+cz+d=0$$
が成り立つための必要十分条件を求めよ. ただし, $\alpha, \beta, \gamma, a, b, c$ は 0 でないとする. （類題 東工大）

7. すべての実数 x に対して
$$a\cos x+b\sin x+c$$
がつねに一定値をとるための条件を求めよ.

8. 2次方程式
$$2x^2-(a+b+c)x+4(bc+ca+ab)=0$$
の2つの根が a, b であるとき, a, b, c の比を決定せよ. （名古屋市大）

——— ヒント ———

1. log を取り除く. 仮定 $x\leqq y\leqq z$ を置いて解き, 最後にすべての解をかき挙げよ.

2. 2根を $3\alpha, 2\alpha$ とおくか, または2根を α, β とおいて $(2\alpha-3\beta)(3\alpha-2\beta)=0$ を用いる.

3. $x=yt$ とおくと t は整数. x, y を消去してみよ.

4. 2根を α, β とおいて根と係数の関係を用いては？

5. 3式を加える. 共通根は実数とは限らない. 逆を忘れずに……

6. 1つの変数を消去してみよ.

7. x に適当な値を代入し, とにかく必要条件を導いてみる.

8. 2根が a, b であることをどんな式で表わすか. 代入してみるか, それとも根と係数の関係を用いるか.

——— 略解 ———

1. $x+y+z=10$, $x^3+y^3+z^3<200$. ここで $x\leqq y\leqq z$ と仮定すると
$10=x+y+z\leqq 3z$, $\therefore z\geqq 4$, 一方与えられた不等式から $z^3<200$
$\therefore z\leqq 5$ $\therefore z=4, 5$
$z=4$ のとき $x+y=6$, $x^3+y^3<136$
ここで $x\leqq y$ を用いて
$$(x, y)=(3,3), (2,4)$$
$z=5$ のとき $x+y=5$, $x^3+y^3<75$
$x\leqq y$ を考慮して $(x, y)=(2,3), (1,4)$
答 $(3,3,4), (3,4,3), (4,3,3)$
$(2,4,4), (4,2,4), (4,4,2)$
$(2,3,5), (2,5,3), (3,2,5)$ $(3,5,2)$

$(5,2,3)$, $(5,3,2)$, $(1,4,5)$ $(1,5,4)$

$(4,1,5)$, $(4,5,1)$, $(5,1,4)$ $(5,4,1)$

2. 2根を α,β とすると

$$(3\alpha-2\beta)(2\alpha-3\beta)=0$$

すなわち $6(\alpha+\beta)^2-25\alpha\beta=0$ と同値.

これに $\alpha+\beta=-\dfrac{b}{a}$, $\alpha\beta=\dfrac{c}{a}$ を代入して，求める条件は $\dfrac{6b^2}{a^2}-\dfrac{25c}{a}=0$

答 $6b^2=25ac$

3. $x=yt$ とおくと t は整数で

$$\{(m-1)t-(m-2)\}y=2m+1 \qquad ①$$

$$\{mt-(m-1)\}y=m+1 \qquad ②$$

①，②から y を消去して

$$(t-1)m^2+tm+(t-1)=0 \qquad ③$$

$t=1$ とすると $m=0$ となって仮定に反するから $t\neq1$，③は2次方程式で，m は実数だから，判別式 $=t^2-4(t-1)^2\geqq0$

$\therefore \dfrac{2}{3}\leqq t\leqq2$, $t=2$ $\therefore m=-1$, $y=1$, $x=2$. 答 $x=2$, $y=1$

4. 2根を $\alpha,\beta(\alpha\geqq\beta)$ とすると，$\alpha+\beta=17-m$，$\alpha\beta=m-2$；m を消去して $\alpha\beta+\alpha+\beta=15$, $(\alpha+1)(\beta+1)=16$ これを解いて $(\alpha,\beta)=(3,3)$, $(1,7)$

$\therefore m=11$, 9 答 $m=9$, 11

5. 3式を加えて

$$(a+b+c)(x^2+x+1)=0$$

$\therefore a+b+c=0$ or $x=\omega$, ω^2（ω は1の虚立方根）$x=\omega$ のときもとの方程式に代入すると3つの等式を得るが，それらは $a+b\omega+c\omega^2=0$ と同値．$x=\omega^2$ のときは同様にして $a+b\omega^2+c\omega=0$；逆にこれの等式が成り立てば，それぞれ $x=1$, $x=\omega$, $x=\omega^2$ を共通根にもつ．

答 $a+b+c=0$ or $a+b\omega+c\omega^2=0$ or $a+b\omega^2+c\omega=0$ $\left(\omega=\dfrac{-1+\sqrt{3}\,i}{2}\right)$

6. $\alpha x+\beta y+\gamma z=0$ から $x=-\dfrac{\beta y+\gamma z}{\alpha}$，これを第2式に代入して整理すると

$$(b\alpha-a\beta)\beta+(c\alpha-a\gamma)z+d\alpha=0,$$

これがすべての y,z について成り立つための条件は $b\alpha-a\beta=0$, $c\alpha-a\gamma=0$, $d\alpha=0$ 答 $\dfrac{a}{\alpha}=\dfrac{b}{\beta}=\dfrac{c}{\gamma}$, $d=0$

7. $x=0$, π, $\dfrac{\pi}{2}$ とおいて

$a+c=k$, $-a+c=k$, $b+c=k$

$\therefore a=b=0$, $c=k$：逆にこの条件があれば 与式 $=k$（一定） 答 $a=b=0$

8. 根と係数の関係を用いると，必要十分条件として $a+b=\dfrac{a+b+c}{2}$, $ab=2(bc+ca+ab)$ が得られる．これを解く．第1式から $c=a+b$，これを第2式に代入せよ．

答 $-1:2:1$, $2:-1:1$

エレガント解答

闇夜の手さぐりを排す

　仮定のたくさんある問題は，それらの仮定を用いる順序によって，易しくも，難しくもなる．その代表例として，次の課題を取り挙げてみる．

――――― 課　題 ―――――

　初項が 1，各項が正の整数であるような等差数列があり，その公差 d が 30 を越えない．その等差数列のはじめの 32 項のうちで，偶数が 16 個，3 の倍数が 11 個，5 の倍数が 7 個である．この 32 個の項に含まれる 3 の倍数の総和および 5 の倍数の総和を求めよ．

（横浜市大）

　型破りの問題であるために戸惑うた学生が多かったらしい．先生方も同様らしく，あかぬけした解答がみられない．ひねくり回しているうちに，なんとか解けそうな気はするが，手をつけてみると思いのほか手ごわい．仮定がいくつもあるから，整理するつもりで列記してみる．

　各項が正の整数であることは，初項が 1 であることから，公差 d は正の整数といいかえられる．そこで，次のようにまとめる．

等差数列　$1, 1+d, 1+2d, \cdots$　において

$$\text{項数は 32} \qquad ①$$
$$\text{公差 } d \text{ は整数で，} 0<d<30 \qquad ②$$
$$\text{2 の倍数は 16 個} \qquad ③$$
$$\text{3 の倍数は 11 個} \qquad ④$$
$$\text{5 の倍数は 7 個} \qquad ⑤$$

　求めるのは 3 の倍数の和と 5 の倍数の和である．とにかく，公差 d を知ることが，本問解決のカギとみられよう．

■ 闇夜の手さぐり

闇夜の手さぐりといった感じの解答を市販の本の中から紹介しよう．

初項 1，公差 d の等差数列だから，d が偶数なら全部奇数となるから，d は奇数である．そして d が奇数なら，第 2 項から第 32 項まで偶数番の項はすべて偶数で，明らかに偶数は 16 個で，③をみたす．

次に公差 d が 3 の倍数であると，3 の倍数は全然ないことになるから，d は $3m+1$ または $3m+2$（$m=0,1,2,\cdots$）の形の数である．

$d=3m+1$ とすると，第 3 項が 3 の倍数で，以後 3 項めごとに 3 の倍数が現われ，最後は第 30 項であるから，3 の倍数は 10 個となり④に反する．

$d=3m+2$ とすると，第 2 項が 3 の倍数で，以後 3 項めごとに 3 の倍数が現われ，最後は第 32 項であるから，3 の倍数は 11 個となり④をみたす．

次に，公差 d が 5 の倍数であると，5 の倍数は全然ないことになるから，d は

$$5n+1,\ 5n+2,\ 5n+3,\ \text{または}\ 5n+4 \qquad (n=0,1,2,\cdots)$$

の形の数である．

$d=5n+1$ とすると，第 4 項が 5 の倍数で，以後 5 項めごとに 5 の倍数が現われ，最後は第 30 項であるから 5 の倍数は 6 個となり⑤に反する．

$d=5n+2,\ 5n+3$ のときも，同様にして 5 の倍数は 6 個となり⑤に反する．

$d=5n+4$ のときは，第 2 項が 5 の倍数で，5 の倍数は 7 個になり⑤をみたす．

以上から公差 d は $2l+1,\ 3m+2,\ 5n+4$ の形をした整数であるから，$d+1$ は 2，3，5 の倍数である．したがって $d+1$ は 30 の倍数，これと②とから $d=29$ である．

したがって，3 の倍数の総和は

$$\frac{11}{2}(30\times 2+10\times 29\times 3)=5115$$

また 5 の倍数の総和は

$$\frac{7}{2}(30\times 2+6\times 29\times 5)=3255$$

×　　　　　　　　　　×

だらだらと文章が続き，式が少ない．このようなのを「採点者泣かせの解答」という．式があれば，式と答をとび読みすることによって正解かどうか一目みてわかるものだが，上のような解は，それができないので採点者はつらい．

すぐれた作文や詩は「起承転結」と称し，大体 4 つの部分から構成されておるといわれている．このような定型的起伏があれば理解がはやい．数学の解答でも，それに似たことがいえよう．

この解答は，2，3，5 といった簡単な数だから，d を $2l$ または $2l+1$ のとき，$3m$，$3m+1$，$3m+2$ のときというように，すべての剰余類に当たることによって解決されたが，大きな素数，たとえば 29 のときには

$$29m, \ 29m+1, \ 29m+2, \ \cdots, \ 29m+28$$

の 29 の場合について，いちいち当ってみることになるわけで，不可能に近い．努力しだ
いでできないことはないが，数学の解答の資格を欠こう．

■ 一般性のある原理をつかめ

「3 の倍数が 11 個ある」という条件は

3 の倍数が存在，その個数は 11

と分解される．上の解答も，このことを意識的に使っているのだが，「個数は 11」の使い
方がおそく，消極的で，3 の倍数の個数を求め，仮定に合うかどうかを見分けるのに用い
ているに過ぎない．これをもし，積極的に使うならば，第 2 項 $1+d$ が 3 の倍数になるこ
とは簡単にでる．

　もし，3 の倍数が 3 項めごとに現われることが明らかにされたとすれば，第 2 項から第
32 項までの 31 項に 3 の倍数が 11 項あるためには，3 の倍数は 第 2 項から はじまらなけ
ればならない．

$$a_1, \boxed{a_2}, a_3, a_4, \boxed{a_5}, a_6, \cdots, a_{30}, a_{31}, \boxed{a_{32}}$$

この事実は 31 を 3 で割ると商が 10 で余りが 1 になることから明らかであろう．

　では，3 の倍数が 3 項めごとに現われることは，どのようにして確かめられるか．

　第 n 項は $1+(n-1)d$ で，この中に 3 の倍数が存在することから，d は 3 の倍数でない
とは背理法によって明らか．

　さて，

$$a_n = 1+(n-1)d, \qquad a_m = 1+(m-1)d$$

とおいてみると

$$a_n - a_m = (n-m)d$$

そこで，a_n が 3 の倍数であったとすると，a_m が 3 の倍数ならば，$n-m$ は 3 の倍数に
なり，この逆も成り立つ．したがって

$$m = n+(3 \text{ の倍数})$$

これは，3 の倍数が 3 項めごとに現われることを意味している．

　以上の推論は，2 の倍数に対しても，5 の倍数に対してもそのままあてはまるのが強味
である．この数列では，一般に素数 p の倍数が存在するとすれば，それは p 項めごとに
現われ，その中間では現われない．

　さらに，一般化すれば，次の定理になる．

　　初項 a，公差 d がともに整数で，a が素数 p の倍数でない等差数列においては，p

の倍数の項が存在するとすれば，公差 d は p の倍数でなく，かつ p の倍数は p 項め
ごとに現われ，その中間では現われない．

■ エレガント解答へ

以上の解説で，第2の解答は済んだようなものだが，整理する意味で，解答らしくまと
めておく．

等差数列 $1,\ 1+d,\ 1+2d,\ \cdots$ において

項数は 32	①
公差 d は整数で，$0<d<30$	②
2の倍数が存在し，16個ある	③
3の倍数が存在し，11個ある	④
5の倍数が存在し，7個ある	⑤

この等差数列に素数 p の倍数があったとすれば，d は p の倍数でない．なぜかというう
に，もし d が p の倍数であったとすると，

$$a_n=1+(n-1)d$$

を p で割ると余りが1になるからである．

さらに p の倍数は p 項めごとにだけ現われることを明らかにしよう．

$$a_n=1+(n-1)d, \quad a_m=1+(m-1)d$$

とおくと

$$a_n-a_m=(n-m)d$$

a_n が p の倍数であるとき，a_m が p の倍数であったとすると，上の式から $(n-m)d$ は
p の倍数である．しかるに d は素数 p で割り切れないから，$(n-m)$ は p の倍数である．
この逆も正しいから，証明された．

$p=2$ とすると，③により数列の第2項から第32項までの31項の中に2の倍数は2項
めごとにあり，かつ $31=2\times16+1$ だから2の倍数が16個であるためには第2項が2の
倍数でなければならない．

$p=3$ とすると，④により上の同様の理由によって第2項は3の倍数である．

また $p=5$ とすると，⑤により第2項は5の倍数である．

以上から

$$1+d=2,3,5\ \text{の倍数}=30\ \text{の倍数}$$

これと②とから

$$1+d=30 \quad \therefore \quad d=29$$

3の倍数の和，5の倍数の和を求めることは前と変りないから省略する．

数学横丁

下手の真中, 上手の縁矢

　数学の問題はこわい. 着想が悪いと易問も難問に仕立ててしまう. ことわざに「下手な……」と書こうとしたが思い出せない. そこで故事ことわざ辞典を開いてみた. あるわあるわ, 「下手」のついたことわざが, こんなにもあるとは知らなかった.

　「下手があるので上手が知れる」 馬鹿がおって利口が引立つということらしい. ちょっと悪ど過ぎて目的にそわない.

　「下手な鉄砲も数うてばあたる」 下手なやり方でもいろいろやってるうちには, まぐれあたりもあるということ. そんな経験はだれにもあるはず. いや失礼. 筆者だけかもしれない. まぐれあたりの解を, さもスラスラと考えついたように書くのが執筆の秘訣やも知れぬ.

　「下手の味方は無いがまし」はどうか. お前は手足まといだ. さっさっと消えうせろ. 気の荒い信長なら, バッサリやってしまうだろう. やれやれ, 世は民主主義で有難い.

　「下手の考え休むに似たり」 よい考えも出ないくせに, いつまでも考えているのは, 時間つぶしで何んの役にも立たない, とは手きびしい.

　「下手の真中, 上手の縁矢」 読んで字のごとし. 下手なものの矢がまとのまん中に当り, 上手なものの矢がまとのふちに当ることがある. まぐれ当たりもあるということ. 下手の真中を, 上手の真中に見せるのが世渡りの術らしい.

　「下手は上手のもと」 有難いことわざ. だれもはじめから上手な者はいない. 下手は上手になるプロセスだというのだから, 勇気が出るではないか.

　「下手はたより」 筆者の処世訓にぴったりだ. わしは下手だが, 相手はもっと下手らしい. それが何よりの頼り. この手なら万事気楽だ. 自分より偉い人とは付き合わないに限る. 偉い人と付き合って自信を失うよりはお山の大将がよいのだ.

　そこで, 下手な解答をのせ, お山の大将になろう.

～～～ 問題1 ～～～

　つぎの条件をみたす整数の組 (p, q) をすべて求めよ.

$$0 < \left| \frac{p}{q} - \frac{2}{3} \right| < \frac{1}{q^2}$$

（東工大）

気がひけるほどやさしい問題だが，着想が悪いと難しくなる代表例のつもりで選んだ．
さて，どのことわざがぴったりか，手もとに，ある解答をのせよう．

第 1 の 解

$$0<\left|\frac{p}{q}-\frac{2}{3}\right|<\frac{1}{q^2}$$

これは，つぎの①，②と同値である．

$$\frac{p}{q} \neq \frac{2}{3} \tag{①}$$

$$-\frac{1}{q^2}+\frac{2}{3}<\frac{p}{q}<\frac{1}{q^2}+\frac{2}{3} \tag{②}$$

$q \neq 0$ だから，q の符号によって，2つの場合に分け，②を変形する．

$q>0$ のとき

$$-\frac{1}{q}+\frac{2q}{3}<p<\frac{1}{q}+\frac{2q}{3} \tag{③}$$

$q<0$ のとき

$$-\frac{1}{q}+\frac{2q}{3}>p>\frac{1}{q}+\frac{2q}{3} \tag{④}$$

③，④を図示すると陰影の部分（境界を除く）になる．

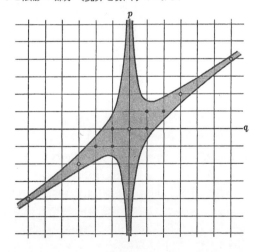

この範囲内で①をみたす点 (q,p) は，黒丸の点である．したがって (p,q) は次の6
つである．

$$(0,1) \quad (1,1) \quad (1,2)$$
$$(0,-1) \quad (-1,-1) \quad (-1,-2)$$

完成した図があるから簡単に見えるが，グラフを正確にかくのは楽でない．目的からみてグラフは概形では役に立たない．この解は「図から明らか」と逃げたところに無理があろう．高校などでは，このような解を正解とみるらしいが，数学的には疑念が残るだろう．

第 2 の 解

前の解の①,③,④をそのまま用いる．

$$\frac{p}{q} \neq \frac{2}{3} \tag{①}$$

$$q>0, \quad -\frac{1}{q}+\frac{2q}{3}<p<\frac{1}{q}+\frac{2q}{3} \tag{③}$$

$$q<0, \quad -\frac{1}{q}+\frac{2q}{3}>p>\frac{1}{q}+\frac{2q}{3} \tag{④}$$

q を3で割ったときの余りによって分類する．n を正の整数として

（ⅰ）$q=3n$ のとき，③から

$$2n-\frac{1}{3n}<p<2n+\frac{1}{3n}$$

これをみたす p の整数値は $2n$，このとき $\frac{p}{q}=\frac{2}{3}$ となって①をみたさない．

（ⅱ）$q=3n+1$ のとき，③から

$$2n+\frac{6n-1}{3(3n+1)}<p<2n+\frac{6n+5}{3(3n+1)}$$

ここで $0<\frac{6n-1}{3(3n+1)}<\frac{6n+5}{3(3n+1)}<1$ だから，これをみたす整数 p は存在しない．

（ⅲ）$q=3n+2$ のとき，③から

$$2n+1+\frac{3n-1}{3(3n+2)}<p<2n+1+\frac{3n+5}{3(3n+2)}$$

上と同様の理由で，これをみたす整数 p は存在しない．

以上によって，$q \geqq 3$ のとき，不等式③をみたす整数の値の組 (p,q) は存在しない．同様にして，$q \leqq -3$ のとき④をみたす整数の値 (p,q) は存在しない．

（ⅳ）$q=1$ のとき，③から

$$-\frac{1}{3}<p<\frac{5}{3} \quad \therefore \quad p=0,1$$

$q=-1$ のとき，④から

$$\frac{1}{3}>p>-\frac{5}{3} \quad \therefore \quad p=0,-1$$

$q=2$ のとき，③から

$$\frac{5}{6}<p<\frac{11}{6} \quad \therefore \quad p=1$$

$q=-2$ のとき，④から

$$-\frac{5}{6}>p>-\frac{11}{6} \quad \therefore \quad p=-1$$

求める答は

$$(0,1) \qquad (1,1) \qquad (0,-1)$$
$$(-1,-1) \quad (1,2) \qquad (-1,-2)$$

「ご苦労さん」と頭を下げたくなるような解である．第1の解も第2の解も，与えられた不等式を p について解いたわけで，この着想自身は，不等式の解法としてはオーソドックスであるが，残念ながら，p, q が整数という条件がうまく生かされていない．方程式や整数解を求める問題では，整数という条件をうまく使って，未知数の限界を出すことに主力を向けるべきだろう．

エレガントな解よいずこ

方程式

$$x^2-2xy=3$$

の整数解を求めるのであったら，「なんだやさしい」というわけで

$$x(x-2y)=3$$

とかきかえ，

x	1	-1	3	-3
$x-2y$	3	-3	1	-1

を解くだろう．もし不等式

$$|x(x-2y)|<3$$

ならば $x(x-2y)=0, \pm1, \pm2$ となるので，これからあとは方程式の解法になる．

こういう解法に親しんでいる読者は，おそらく，分母を払い，整不等式に直してみるはずである．

$$0<\left|\frac{p}{q}-\frac{2}{3}\right|<\frac{1}{q^2}$$

各辺に $3q^2$ をかけてみよ．

$$0<|q|\cdot|3p-2q|<3 \tag{①}$$

「なんだ，アホらしい」まったくその通り．

$|q|$	1	1	2
$|3p-2q|$	1	2	1

この3組の方程式を解くだけのこと．

$$q=1, \ 3p-2=\pm1 \ \text{のとき} \qquad p=1$$

$$q=-1, \quad 3p+2=\pm1 \text{ のとき } \quad p=-1$$
$$q=1, \quad 3p-2=\pm2 \quad \text{ のとき } \quad p=0$$
$$q=-1, \quad 3p+2=\pm2 \text{ のとき } \quad p=0$$
$$q=2, \quad 3p-4=\pm1 \quad \text{ のとき } \quad p=1$$
$$q=-2, \quad 3p+4=\pm1 \text{ のとき } \quad p=-1$$

答は

$$(1,1) \quad (-1,-1) \quad (0,1)$$
$$(0,-1) \quad (1,2) \quad (-1,-2)$$

×　　　　　　　　　　　　　　　　×

　後半は $q=1$, $q=-1$, $q=2$, $q=-2$ の4つの場合に分け，これらを①に代入して p の値を求めることにすれば，もっと簡単になる．それは読者の課題としよう．

　易問と難問の分岐点は，分母を払うことに気付くか否かであった．一瞬の判断が運命を決するのである．一つの道にこだわってはならない．常に振り出しに戻って，新しい着想をねる心構えを望みたい．

　整数解を求める第2の例を挙げよう．

~~~~~ 問題2 ~~~~~

　つぎの等式

$$1-\cfrac{1}{x-\cfrac{1}{y-\cfrac{1}{z}}}=\frac{2}{7}$$

　を満足する整数 x, y, z の組 (x, y, z) を，すべて求めよ．ただし，これらの組 (x, y, z) において，$|y|\geqq2$, $|z|\geqq2$ であることはわかっている．　　　　（大阪大）

　読者なら，何を手がかりとするか．参考までに，手許にある解をお目にかけよう．

第1の解

　整数 x, y, z について等式が成り立つと

$$\frac{1}{x-\dfrac{z}{yz-1}}=\frac{5}{7} \qquad \therefore \quad x-\frac{z}{yz-1}=\frac{7}{5} \qquad ①$$

$$x(yz-1)-z=\frac{7(yz-1)}{5}$$

左辺は整数だから $7(yz-1)$ は5で割り切れる．5と7は互いに素であるから，$yz-1$ は5で割り切れる．そこで

$$yz-1=5n \quad (n \text{ は整数}) \qquad ②$$

とおくと，①から

$$x - \frac{z}{5n} = \frac{7}{5}, \quad z = n(5x - 7) \qquad\qquad ③$$

③によると，z は n で割り切れる．したがって②から1が n で割り切れることになるから，$n=1$ または $n=-1$ である．

$n=1$ のとき

③，②から $yz=6$，$z=5x-7$

第1式と $|y|\geqq2$，$|z|\geqq2$ とによって，y, z は $\pm2, \pm3$ のいずれかである．第2式から $z+2 = 5(x-1)$，よって $z+2$ は5で割り切れる．したがって，

$$z=-2 \text{ または } z=3$$
$$z=-2 \text{ のとき } x=1, y=-3$$
$$z=3 \quad \text{のとき } x=2, y=2$$

$n=-1$ のとき

③，②から $yz=-4$，$z=7-5x$

第1式と $|y|\geqq2$，$|z|\geqq2$ から yz は ±2 のどちらかである．第2式から $z-2=5(1-x)$ は5で割り切れるから

$$z=2 \quad \therefore \quad x=1, y=-2$$

求める答は

$$(1, -3, -2), (2, 2, 3), (1, -2, 2)$$

$\times$ $\qquad\qquad\qquad\qquad$ $\times$

「犬も歩けば棒に当る」式の解き方の感が深い．一貫した方針を欠くためであろう．とにかく，あれこれやっているうちに答が出たわけである．

エレガント解答への道

整数解を求める問題には，欠くことのできない3つの手がかりがある．

（i） 約数・倍数を用いる．

（ii） 整除——分数でみれば整数部分と小数部分の分離である．

（iii） 未知数の有限な範囲を見つける

上の解は，どちらかといえば，（i）に主眼が置かれている．後半では（iii）も用いるから，

$$（i） \rightarrow （iii）$$

の順序とみてよいだろう．

問題には，y, z の範囲が与えられているのに，x の範囲が与えられていない．この問題を難しいものにした遠因がそこにある．出題者が x の範囲を除いたのは，y, z の範囲から誘導できるからである．x の有限な範囲がわかれば，x の値はわかり，y, z の値は簡単に

定まる.

では，x の有限な範囲はどのようにすれば出るだろうか．与えられた等式から

$$x-\frac{7}{5}=\frac{1}{y-\dfrac{1}{z}}$$ ①

ここで $|y|\geqq2$, $|z|\geqq2$ を活用する.

$$\left|y-\frac{1}{z}\right|\geqq|y|-\frac{1}{|z|}\geqq2-\frac{1}{2}=\frac{3}{2}$$

よって①から

$$\left|x-\frac{7}{5}\right|\leqq\frac{2}{3}\qquad\therefore\quad\frac{11}{15}\leqq x\leqq\frac{31}{15}$$

$$\therefore\quad x=1,2$$

$x=1$ のとき，①から $z(2y+5)=2$

$$\therefore\quad z=2, y=-2\ ;\ z=-2, y=-3$$

$x=2$ のとき，①から $z(3y-5)=3$

$$\therefore\quad z=3, y=2$$

答は $(1,-2,2),(1,-3,-2),(2,2,3)$

　　　　　　　　　×　　　　　　　　　　　　　　×

これなら，エレガント解答と呼ぶにふさわしいだろう．後半は

$x=1$ のとき

$$y-\frac{1}{z}=-\frac{5}{2}=-3+\frac{1}{2}\ \text{or}\ -2-\frac{1}{2}$$

$$\therefore\quad y=-3, z=-2\ ;\ y=-2, z=2$$

$x=2$ のとき

$$y-\frac{1}{z}=\frac{5}{3}=2-\frac{1}{3},\quad y=2,\quad z=3$$

のようなやり方も考えられる.

上の解では，絶対値に関する不等式として

$$|a-b|\geqq|a|-|b|$$

を用いた. $|a+b|\leqq|a|+|b|$ を用いる学生は多いが，$|a-b|\geqq|a|-|b|$ を使いこなす学生は少ない. この不等式は b の符号をかえれば

$$|a+b|\geqq|a|-|b|$$

絶対値に関する不等式としては

$$|a|-|b|\leqq|a+b|\leqq|a|+|b|$$

を基本法則としたいものである.

ないものを　あるとする話

「前の時間には，等差数列や等比数列が，漸化式で表わされることをやった．きょうは逆に，数列が漸化式で与えられているとき，その一般項や極限を求めることを勉強する．最初にやさしいのを……」

というわけで，先生は

$$x_{n+1}=\frac{1}{2}x_n+3$$

を黒板にかいた．

「これだけで，数列がきまるか．山本，どうだ」

「先生，そんな質問無理です．一般項の求め方を知らんうちから……」

「求め方はわからなくたって，前の時間のことがわかっておればわかるはずだ」

「………」

「川島，わかるか」

「初項が必要です」

「そう．出発点がわからないとスタートしようがない．$x_1=1$ としよう．さあ，これを使って第2項，第3項と順に求めてみる．そして一般項を予想するのだ」

先生机の間を歩き回る．

$$x_1=1$$
$$x_2=\frac{1}{2}\times1+3=\frac{7}{2}$$

$$x_3=\frac{1}{2}\times\frac{7}{2}+3=\frac{19}{4}$$
$$x_4=\frac{1}{2}\times\frac{19}{4}+3=\frac{43}{8}$$

……………………………

こんな計算をしている学生が多いので，先生は注意を与える．

「完全に計算してしまってはダメ．計算を途中でやめ，一般項がどうなるか，予想できるようにしておく．そこが要点だ．………できたら，だれか，黒板にかく……」

$$x_1=1$$
$$x_2=\frac{1}{2}\cdot1+3=\frac{1}{2}+3$$
$$x_3=\frac{1}{2}\left(\frac{1}{2}+3\right)+3=\frac{1}{2^2}+\frac{3}{2}+3$$
$$x_4=\frac{1}{2}\left(\frac{1}{2^2}+\frac{3}{2}+3\right)+3$$
$$=\frac{1}{2^3}+\frac{3}{2^2}+\frac{3}{2}+3$$

……………………………

$$x_n=\frac{1}{2^{n-1}}+\frac{3}{2^{n-2}}+\cdots\cdots+\frac{3}{2}+3$$
$$=\frac{1}{2^{n-1}}+\frac{3\left(1-\frac{1}{2^{n-1}}\right)}{1-\frac{1}{2}}=6-\frac{5}{2^{n-1}}$$

さすがは経験豊かな先生，発見的方法を巧みにおりまぜた指導がトントン調子で進んで行った．

発見的方法の第2目標は，漸化式を変形することによって一般項を一気に導くこと．

「みんなこちらを向いて．もっとうまい方法がある．この両辺から6をひいてみるのだ．

$$x_{n+1}-6=\frac{1}{2}x_n-3$$

右辺をかきかえて

$$x_{n+1}-6=\frac{1}{2}(x_n-6)$$

どうだ．うまいだろう．この式……田沢，何を表わしている」

「等比数列です」

「それだけではわからん．みんなにもわかるようにくわしく……」

「$x_1-6, x_2-6, x_3-6, \cdots\cdots$ が等比数列です．公比は $\frac{1}{2}$」

「それで，その一般項は？」

「$x_n-6=\frac{1}{2^{n-1}}(x_1-6)$」

「もっと簡単になるだろう」

「………」

「x_1 の値は？」

「はい．x_1 に1を代入します」

$$x_n=6-\frac{5}{2^{n-1}}$$

「先生！」

数人の学生が手を挙げた．先生……待ってましたといわんばかりの顔．

「なんだ」

「いんちきです」

「なに，いんちきだと．なまいきいうじゃない．どこが悪い」

「両辺から引いた6……何からわかったのですか．それがわからないと……」

そうだ，そうだの声あり．先生あわてず．

「それを，いま，説明しようと思っていたところだ．一般項から極限値を出してみよ．数列の……鈴木」

「6です」

「そう n を限りなく大きくすると，$\frac{5}{2^{n-1}}$ は次第に0に近づく，そこで x_n は6に近づく．だから，この数列の極限値は6，さっきの6はこの6だ」

「先生，話が逆です．極限値を求める前から6を出すなんて……」

「そらそうだ．そこは頭だよ．頭はなんのためにある．きくだけアホだな．考えるためにきまってる．極限値があるとしたらどうなる．もとの漸化式で……」

学生ポカンとしてる．

「わからんか．第1ヒント．極限値を α としてみるのだ」

$x_n \to \alpha$ と板書

「x_{n+1} のほうはどうなる．極限値が…」

「α です」

「そう．番号が1つぐらいずれたって，同じことだから」

$x_{n+1} \to \alpha$ と板書

「もうわかったろう．この漸化式で，n を限りなく大きくすると，ここも，ここも α に近づく……」

$$x_{n+1}=\frac{1}{2}x_n+3 \qquad ①$$
$$\downarrow \qquad \downarrow$$
$$\alpha=\frac{1}{2}\alpha+3 \qquad ②$$

「これを解くと $\alpha=6$ だ．名案だろう．最初にこの方法で6を出し，両辺から6をひく」

「極限値をひくと，いつもうまくいくのですか」

「説明不足かな．α は ② の根だ． ① の両辺から ② の両辺をひいてみよ．そら

$$x_{n+1}-\alpha=\frac{1}{2}(x_n-\alpha)$$

いつでも，等比数列の漸化式にばける」

×　　　×

「練習に，もう１つやってみよう．

$$x_{n+1}=\frac{3}{2}x_n-1,\quad x_1=7$$

みんな，自分でやってみよ．収束したと仮定すると……その極限値 α は……」

かなりの学生ができたようだ．

$$\alpha=\frac{3}{2}\alpha-1 \text{ から } \alpha=2$$

$$x_{n+1}-2=\frac{3}{2}x_n-3$$

$$x_{n+1}-2=\frac{3}{2}(x_n-2)$$

$$x_n-2=\left(\frac{3}{2}\right)^{n-1}(x_1-2)$$

$$x_n=5\left(\frac{3}{2}\right)^{n-1}+2$$

発見的方法の第２目標もトントン調子．そこで先生は有終の美をかざるため，極限を調べて終ろうと思った．

「この数列の極限はどうか」

「発散」の声にまじって，「収束」もきこえたような気がしたので，$\frac{3}{2}$ は１より大きいから $\left(\frac{3}{2}\right)^{n-1}\to+\infty$ となることを念を押し，ほっと一息いれた．ところが突然「先生」ときた．

「なんだ．まだわからんことがあるのか」

「いまのは収束しませんね」

「発散だものあたりまえだ」

「じゃ，極限値ありませんね」

「きまってるじゃないか．極限値がない場合を発散というのだから」

「でも……最初に……」

「最初にどうした」

「極限値があるとして，２を出したでしょう」

「そうだよ．それがどうした」

先生はまだ気付かない．

「収束すると仮定して，ホントは収束しないのに……矛盾しませんか」

先生多少不安になって来たが，ここは押しの一手と思ったかどうか．

「収束しなくたって，とにかく２が求まって，うまくいった．それでよいではないか」

「先生」「先生」……，「先生へんですよ」教室ががぜん賑やかになって来た．

「先生，収束すると仮定して……結論は収束しないのです．矛盾です」

「そう，そう，背理法と同じじゃ」の声もある．

先生は，論理学を持ち出して，さらに押そうの構え．

「結論は真，仮定は偽，そこで条件文
　　収束する → 発散
は真，条件文の約束に合っている．これでいいのだ」

右隅の論理学づいた学生から一本の矢が飛んで来た．

「先生ごまかしです．収束しないのですから，仮定の《収束する》は偽，推論は正しいから，条件文は真です．だから……結論は真か偽かわかりません」

「そうや，そうや，ウソからはウソもホ
ントも出るって，前に，先生はそういいま
した」

論理学を持ち出したのは失敗であった．
なにがなんだかわからなくなって……先生
天井をにらんで腕をくむ.

　　　×　　　×

解き方の発見的方法は，疑問と
混迷の発見に終った．論理学で押
そうとしたが一層混乱を増したよ
うに見える.

「どの本もそうだから，それに従う」問
題の根源はそこにあったのだが，それに気
付くのはそうやさしくない．収束するかど
うかわからないのに，収束したとして求め
た値を利用する解き方自体に問題があると
したら，それを避ける道を考える方が賢明
というもの．まして，論理学の迷路へ足を
踏み入れるのは自殺行為に等しい.

収束すると仮定して極限値を利用する方
法は，よく見かけるものだが，以上の失敗
例からみて適切ではないようだ.

課題は要約すれば，漸化式

$$x_{n+1}=ax_n+b \qquad ①$$

を解くために，方程式

$$\alpha=a\alpha+b \qquad ②$$

をみたす α を利用しようということ．その
α の意味づけは，数列 (x_n) の極限値のみ
とは限らない．収束しないときにも α は定
まるのだから，α は，もっと本質的な意味
を持っているはず.

では，それは何か.

①は x_n に x_{n+1} を対応させれば，変換

で，その変換は，一般に

$$f: y=ax+b \qquad ③$$

で表わされる.

そして②の根 α は，この変換の不動点
である.

不動点 α を用いると，変換③は

$$y-\alpha=a(x-\alpha) \qquad ④$$

となり，変換の幾何学的意味が読みとりや
すくなる.

f を実数全体 $\boldsymbol{R}$ 上の変換とみたとき，③
は次の2つの変換の合成である.

（i）原点 O を中心とする a 倍の相似
　　変換

（ii）ベクトル b で表わされる平行移動
ところが④でみると

点 $C(\alpha)$ を中心とする a 倍の相似変換
となって簡単になる.

f を複素数全体 $\boldsymbol{C}$ 上の変換とみたとき，
③は，次の3つの変換の合成である.

（i）原点 O を中心に $\arg a$ だけ回転

（ii）O を中心とする $|a|$ 倍の相似変換

（iii）ベクトル b で表わされる平行移動
ところが④でみると，次の2つの変換の
合成になって簡単である.

（i）不動点 $C(\alpha)$ を中心に $\arg a$ だ
　　け回転

（ii）C を中心とする $|a|$ 倍の相似変換

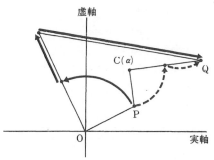

③は要するに，図形をそれに相似な図形にうつすもので**等形変換**と呼ばれている．

×　　　×

実数の場合に図解法として，2つの方程式

$$\begin{cases} y = ax + b \\ y = x \end{cases}$$

のグラフを利用するものがある．

この図解法でみると，α は2直線の交点の x 座標である．③の式は点 α と点 x_n との距離が公比 a の等比数列をなして縮小ま

たは拡大することを表わし，収束，発散も見やすい．

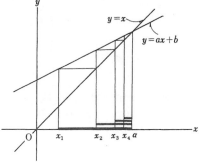

このようにみると，一般に漸化式

$$x_{n+1} = f(x_n), \qquad x_1 = a$$

を解くのに数列 (x_n) の極限値 $\alpha = f(\alpha)$ を利用するという方法は，変換

$$y = f(x)$$

の不動点の座標 α を利用するに切りかえるのが事実に即していることがわかる．

著者紹介：

石谷 茂（いしたに・しげる）

大阪大学理学部数学科卒

主　書　教科書にない高校数学
　　　　初めて学ぶトポロジー
　　　　大学入試　新作数学問題 100 選
　　　　∀と∃に泣く
　　　　$\varepsilon - \delta$ に泣く
　　　　Max と Min に泣く
　　　　Dim と Rank に泣く
　　　　2 次行列のすべて
　　　　入門入門群論
　　　　エレガントな入試問題解法集　上・下　（以上 現代数学社）

数学の本質をさぐる1　　集合・関係・写像・代数系演算・位相・測度

2021 年 1 月 23 日　初版第 1 刷発行

著　者　　石谷　茂
発行者　　富田　淳
発行所　　株式会社　現代数学社
　　　　　〒 606–8425 京都市左京区鹿ヶ谷西寺ノ前町 1
　　　　　TEL 075 (751) 0727　FAX 075 (744) 0906
　　　　　https://www.gensu.co.jp/
装　幀　　中西真一（株式会社 CANVAS）
印刷・製本　　亜細亜印刷株式会社

ISBN 978-4-7687-0551-3　　　　　　　　　　　2021 Printed in Japan